DARWIN E O DARWINISMO

Coleção Cultura Contemporânea

Textos modernos sobre assuntos de interesse para o leitor de hoje. No conjunto, uma verdadeira enciclopédia ao dispor do estudante, do estudioso e do autodidata.

1 *A Filosofia da Arte*
Jean Lacoste

2 *A Acupuntura*
Jean-Claude Tymowski, M.J. Guillaume, M. Fiévet-Izard

3 *Curso de Filosofia*
Antonio Rezende (org.)

4 *A Imaginação*
Jeanne Bernis

5 *A Arte do Ator*
Jean-Jacques Roubine

6 *A Persuasão*
Lionel Bellenger

7 *As Teorias Econômicas*
Pierre Delfauld

8 *O Movimento Psicanalítico*
Ernest Gellner

9 *O Expressionismo*
Roger Cardinal

10 *A Poética*
Henry Suhamy

11 *A República de Weimar*
Rita Thalmann

12 *A Feitiçaria*
Jean Palou

13 *O Impressionismo*
Maurice Serullaz

14 *A Revolução Francesa*
Frédéric Bluche, S. Rials, J. Tulard

15 *A Filosofia Medieval*
Alain de Libera

16 *Darwin e o Darwinismo*
Denis Buican

17 *História do Anti-Semitismo*
François de Fontette

Denis Buican

Darwin e o Darwinismo

Tradução:
Lucy Magalhães

Jorge Zahar Editor
Rio de Janeiro

Título original:
Darwin et le Darwinisme

Tradução autorizada da primeira edição francesa publicada em 1987 por Presses Universitaires de France, de Paris, França, na série "Que sais-je?"

Jorge Zahar Editor Ltda.
rua México 31 sobreloja
20031 Rio de Janeiro, RJ

Impressão: Tavares e Tristão Ltda.

ISBN: 2-13-040291-7 (ed. orig.)

ISBN: 85-7110-124-8 (JZE, RJ)

SUMÁRIO

capítulo I

A VIDA ESCLARECE A OBRA

1. **Antecedentes familiares.** Nascido em 1809 em Schrewsbury e enterrado em 1882 na catedral de Westminster, lugar consagrado às glórias institucionalizadas, Charles Darwin teve uma vida extraordinariamente fecunda. Na família de seu pai, Robert Waring Darwin, médico, havia naturalistas confirmados e intelectuais realizados, sendo Erasmus Darwin o mais conhecido. Este, avô paterno de Charles, escreveria várias obras, das quais a mais significativa é a *Zoonomia*, que esboça uma teoria transformista que, certamente, influenciou Lamarck e fez de Erasmus um precursor do evolucionismo de seu neto.

Sua mãe, Suzanne Wedgwood, que Charles perdeu aos oito anos, era filha de Josuah Wedgwood, que era não apenas o notável ceramista que produziu um novo tipo de porcelana, mas também o fundador da aldeia operária de Etruria, construtor de várias escolas e colaborador na construção de vários canais artificiais no centro da Inglaterra.

Assim, de origem privilegiada pelas qualidades intelectuais de seus ascendentes, Darwin conseguiu excedê-los, ao contrário de seu irmão Erasmo que, médico que não exercia a profissão, apagou numa vida tranqüila e sem interesse suas qualidades nativas, que pareciam extremamente brilhantes. Levado pela curiosidade, e, sem dúvida, pelo medo de uma eventual hereditariedade comprometida, o pai de Charles, Robert, pediu por escrito a Erasmus, seu pai, informações sobre sua mãe e seu avô materno. A resposta, que chegou até nós, mostra certos excessos alcoólicos e perturbações nervosas entre esses ascendentes de Charles e a idéia que seu avô Erasmus tinha da eventual transmissão desses males: "Todas as doenças causadas pela bebida são de certo modo hereditárias; a origem da epilepsia e da alienação encontra-se, penso eu, na bebida. Enfrentei muitas vezes a epilepsia — uma geração sóbria repara freqüentemente os desgastes causados por uma geração de bebedores."

Erasmus Darwin (1731-1802) formulou sua teoria transformista desde 1794-1796 e sua obra fundamental, nesse domínio, é a *Zoonomia*, que, antes de Lamarck, apresenta idéias similares, relativas à origem das espécies biológicas. As idéias novas da *Zoonomia* pareceram na época muito extravagantes, e Coleridge, o poeta inglês, até criou o verbo "darwinizar" para ironizar tais concepções julgadas excêntricas. Assimilando a poesia de Erasmus Darwin "aos nevoeiros que se levantam às vezes aos pés do Parnaso", Coleridge ataca também a filosofia da *Zoonomia*, qualificando-a de "teologia do orangotango", que pretenderia substituir os cinco primeiros capítulos do Gênesis. Tais asserções, no mínimo pejorativas, insultariam, duas gerações mais tarde, a obra de seu neto Charles, submetida aos golpes de retaguarda do dogmatismo clerical.

Não apenas a ascendência dos seres vivos, mas também muitos outros temas apresentados por Erasmus em sua *Zoonomia* seriam mais tarde desenvolvidos por Charles em sua obra. Erasmus Darwin atingiu o limiar da seleção natural ao escrever: "A causa final dessa luta entre machos parece ser que o animal mais forte e mais ativo deveria propagar a espécie, que seria assim melhorada." Certos historiadores acusam Charles Darwin de não ter reconhecido sua dívida científica para com seu próprio avô e para com Lamarck. Em sua *Autobiografia*, Darwin relata uma discussão que teve, durante sua vida de estudante, com um professor que "manifestou sua grande admiração por Lamarck e suas opiniões sobre a evolução. Escutei-o, em silêncio surpreso, e, creio, sem que isso afetasse meu espírito. Eu já lera a *Zoonomia* de meu avô, que defende opiniões semelhantes, mas não estava convencido. Entretanto, é provável que o fato de ter ouvido, desde cedo, expor e louvar tais pontos de vista, pode ter favorecido a defesa que deles fiz, sob uma forma diferente, em minha *Origem das espécies*". Talvez a chave dessa relativa ingratidão histórica de Darwin se encontre nesta asserção com a qual ele termina a citação precedente: "Naquela época, eu admirava muito a *Zoonomia*; mas, lendo-a uma segunda vez após um intervalo de dez ou quinze anos, fiquei muito decepcionado, pois a parte da especulação era muito mais desenvolvida que os fatos apresentados." Assim, Darwin, mesmo reconhecendo a seus predecessores o mérito de ter lançado a idéia da evolução, parece reprovar-lhes uma argumentação insuficiente ou especulativa, pobre em provas indiscutíveis. De sua parte, Charles Darwin tomou sob uma "forma diferente", a defesa do evolucionismo, tentando esclarecer-lhe o mecanismo e reunindo uma multiplicidade de provas concretas em seu favor. De fato, se hipóteses e teorias sobre a evolução das espécies foram emitidas bem antes do aparecimento da sua *Origem das espécies*, Darwin apresentou uma síntese impressionante dos dados científicos que fundamentam o evolucionismo, e, além disso, precisou o mecanismo desse fenômeno essencial que é a seleção natural. Mas, antes de chegar ao cerne daquilo que se iria chamar darwinismo, consideremos certos momentos importantes da vida de seu criador.

2. Formação e estudos. Um traço significativo da infância de Darwin é sua paixão de colecionador: ele coleta e guarda insetos, conchas, ovos de pássaro, pedras, medalhas, selos... Criado numa grande casa, situada numa paisagem interessante, com uma estufa abrindo-se para um salão, e no meio de um jardim bem cuidado, Darwin pode desenvolver seus dotes de naturalista. Lendo sua *Autobiografia*, pode-se notar até uma certa tendência para a mistificação, se não para a "mitomania" no menino Darwin: assim ele quer que um amiguinho acredite que se pode obter prímulas de cores variadas, regando-as com soluções coloridas. Relatando, como ele mesmo diz, essa "fábula monstruosa", Darwin reconhece que nunca "experimentou a coisa"... Muito autocrítico, o cientista confessa que, na sua infância, era "inclinado a inventar mentiras deliberadamente, e sempre pelo prazer de impressionar". Trata-se simplesmente de uma rica imaginação, que sente a necessidade de todo autor, de partilhar com os outros os frutos de sua fantasia? De qualquer modo, certamente esses primeiros excessos de uma imaginação desenfreada, julgada mais tarde com um olho crítico impiedoso, contribuíram para a formação de um Darwin hostil às generalizações apressadas e obcecado pelo respeito escrupuloso à verdade.

O menino Darwin não é cruel: constatando seu sofrimento, só prende com alfinete os insetos já mortos e só usa no seu anzol iscas previamente mortas por imersão em água salgada... Apesar disso, não renuncia à pesca, nem, mais tarde, à caça, que se torna uma verdadeira paixão. Esse horror ao sofrimento o levou, segundo seu próprio testemunho, a renunciar à carreira médica, cara a seu pai. Assistindo no hospital de Edimburgo a duas operações graves, das quais uma em uma criança, esquivou-se antes do fim, pois, escreve ele, "nenhum motivo seria capaz de me fazer voltar ali. Isso aconteceu antes do tempo abençoado do clorofórmio. Esses dois casos iriam me perseguir durante anos".

O aluno Darwin parece medíocre. Os estudos rígidos da época — e os de qualquer época — não convêm a alguém fora do comum. Como tantos outros homens de elite, antes e depois dele, Charles Darwin conheceria a marginalidade do excepcional... Até seu pai, médico reputado por sua psicologia penetrante, disse-lhe num momento de cólera: "Você só pensa em caça, em cães e em pegar ratos; você será a desonra da família." De fato, o menino não se mostra interessado pelo estudo rígido das línguas mortas, mas dirige sua curiosidade, que é grande, para as ciências naturais e manifesta gosto pela poesia, principalmente pelas peças históricas de Shakespeare; esse gosto pela poesia seria perdido mais tarde, sem dúvida por causa de outras preocupações intelectuais absorventes, que não lhe deixavam mais o pensamento livre para tal prazer estético.

Durante o período escolar, bastante tedioso para ele, Darwin era mais atraído pelas experiências de química, quando ajudava seu irmão, que instalara numa dependência da casa um laboratório. Essas pesquisas extra-escolares, conhecidas por seus companheiros de escola, lhe valeram o apelido de "Gás"... O aprendiz de químico "Gás" continuou sendo mau aluno e seu pai o tirou da escola mais cedo do que o comum, para mandá-lo, em outubro de 1825, fazer estudos de medicina na Universidade de Edimburgo, onde seu irmão estava terminando os seus. Na Universidade, Darwin encontrou um ensino inteiramente constituído de aulas "intoleravelmente entediantes", até mesmo as de zoologia e de geologia, exceto o curso de química, que iria atraí-lo. Mais tarde, em sua *Autobiografia,* Darwin lamentaria não ter sido levado a fazer dissecções, que o teriam ajudado a superar sua aversão a esses cursos magistrais, e, certamente, lhe teriam sido úteis em suas pesquisas futuras. Sua família, principalmente seu pai, ao constatar, depois de dois anos passados em Edimburgo, que Darwin não gostaria de ser médico, transferiu-o para a Universidade de Cambridge, para lá fazer estudos que lhe permitiriam tornar-se pastor, o que trouxe à sua pena estas observações retrospectivas: "Considerando agora com que brutalidade fui atacado pelos ortodoxos, parece grotesco que eu tenha tido outrora a intenção de ser pastor. Aliás, nem essa intenção, nem o desejo de meu pai nunca foram formalmente abandonados, mas extinguiram-se naturalmente quando embarquei no Beagle como naturalista, ao deixar Cambridge." Eis como esse novo período universitário (1828-1831) seria avaliado pelo futuro grande naturalista: "Perdi completamente o meu tempo durante os três anos que passei em Cambridge, ao menos no que se refere aos estudos acadêmicos, tão completamente quanto em Edimburgo e na escola."[1] Essas atribulações de Darwin durante seus estudos podem explicar-se pela recusa de sua forte e excepcional personalidade a deixar-se mutilar num leito de Procusto universitário, demasiado estreito e rígido para ele, quer se trate do ensino médico ou do teológico da época. Assim, de certo modo, a formação de naturalista de Darwin é a de um grande autodidata, no bom sentido da palavra. Seu êxito científico não é o de uma escola, mas, principalmente, um êxito pessoal. Sem dúvida, Darwin pensava nisso quando escreveu, muito mais tarde, estas palavras: "Tenho tendência a concordar com Francis Galton, isto é, que a educação e o meio têm apenas uma fraca influência sobre o espírito, e que nossas qualidades são inatas, em sua maioria."

3. **Na véspera da volta ao mundo.** Se o tempo de universidade foi perdido para o estudante Darwin, em contrapartida, ganhou ele uma invejável experiência de naturalista, utilizando seu tempo livre durante esse período de estu-

---

1 Darwin, *L'Autobiographie,* Ed. Belin, 1985, p. 43.

dos. Assim, tornou-se um colecionador apaixonado de coleópteros, que iriam deixar-lhe, segundo suas próprias palavras, uma "impressão indelével". Essa paixão lhe proporcionou aventuras saborosas, no sentido próprio do termo: "Eis uma prova do meu ardor: um dia, arrancando uma velha casca de árvore, vi dois escaravelhos raros e peguei um em cada mão; depois, vi outro, de um terceiro e novo tipo, que eu não podia deixar escapar. Assim, meti na boca aquele que estava segurando na mão direita. Mas ele soltou um fluido extremamente ácido, que me queimou a língua, de modo que fui obrigado a cuspir o escaravelho, que se perdeu, assim como também o terceiro." O naturalista amador Darwin obteve algumas espécies muito raras, citadas na literatura especializada: "Nenhum poeta teve mais prazer em ver publicado seu primeiro poema do que eu tive, ao ver, nas ilustrações dos insetos britânicos de Stephen, as palavras mágicas: 'Capturado por C. Darwin, Esq.'" O espírito de observação científica de Darwin já estava desenvolvido, pois, aos dezessete anos, faz duas comunicações à Sociedade Pliniana, que constituem duas descobertas zoológicas de detalhe.

O encontro e a amizade com o Pastor Henslow foi, como atesta o próprio Darwin, "uma circunstância que, mais que nenhuma outra, influenciou toda a minha carreira". Henslow era um botânico experimentado, com vastos conhecimentos de naturalista — "seu julgamento era excelente, seu espírito equilibrado; mas não penso que posso dizer que ele possuía um gênio muito original", acrescenta, não sem pertinência, Charles Darwin. O tato do professor em suas relações com seu jovem amigo — apelidado na Universidade como "o homem que passeia com Henslow" — era mais que notável: "Um dia, quando examinava grãos de pólen sobre uma superfície úmida, vi os tubos polínicos projetados, e precipitei-me imediatamente para participar-lhe minha surpreendente descoberta. Suponho que outro professor de botânica não teria podido conter o riso ao ver meu entusiasmo ao fazer-lhe tal comunicação. Mas ele concordou com o grande interesse do fenômeno, e explicou-me o seu significado, ao mesmo tempo que me fazia claramente compreender que ele já era bem conhecido; de modo que não me senti de nenhum modo diminuído, mas fiquei muito contente de ter descoberto por mim mesmo um fato tão notável, decidindo-me a não mais me precipitar assim para comunicar minhas descobertas."

Entre os colegas de Henslow, Darwin conheceu um círculo de naturalistas notáveis, que encontrava na casa do botânico e com os quais fazia, às vezes, agradáveis excursões na natureza; o professor recomendou seu jovem companheiro ao Pastor Sedgwick para suas excursões geológicas e, principalmente graças a Henslow, Darwin partiria na excursão do navio Beagle, que se revelou decisiva para a sua grande vida científica posterior. Assim, de volta à casa, depois de uma curta expedição geológica ao País de Gales, Darwin encontrou uma carta do professor, que lhe propunha aceitar o convite que o capitão Fitz-Roy fazia a um jovem naturalista voluntário — sem pagamento — para partir no navio Beagle. Henslow escreveu a Darwin estas palavras muito adequadas para justificar sua recomendação: "Não é que eu o considere como um naturalista acabado, mas sei que você é capaz de colecionar e anotar o que é digno de ser registrado em história natural." Essa confiança de Henslow não era fundada sobre critérios escolares — para não dizer escolásticos — mas sobre a apreciação da capacidade e, principalmente, da paixão de Darwin pelas ciências naturais. A marca dessa viagem na obra de Darwin será indelével, pois partindo impregnado do fixismo da época, regressou evolucionista.

4. O nariz-obstáculo, as dificuldades e o significado da viagem. O pai de Charles se opôs, no começo, à sua partida para uma viagem julgada, talvez, extravagante, mas cedeu às instâncias de seu filho, apoiado por seu tio materno, quando um outro obstáculo ameaçou apresentar-se. Fitz-Roy, o capitão do navio, homem de caráter fantasioso, iria revelar sua aversão inicial pelo jovem naturalista: "Mais tarde, tornando-me íntimo de Fitz-Roy, soube que eu quase fora recusado por causa da forma do meu nariz! Ardente discípulo de Lavater, estava ele convencido de que podia julgar o caráter de um homem por suas características exteriores. Assim, ele duvidava de que alguém provido de um nariz como o meu pudesse possuir uma energia e uma determinação suficientes para a viagem. Mas o tempo iria provar, segundo penso, que meu nariz tinha mentido."

Além das grandes dificuldades inerentes na época, a uma tão grande viagem de navio, havia aquelas, geradas pelo "temperamento muito difícil" de Fitz-Roy, com quem Darwin teve "várias querelas". A mais significativa destas foi a relativa à escravidão, quando Darwin e o capitão se opuseram com veemência: "Por exemplo, no início da viagem, na Bahia, no Brasil, elogiou a escravatura, que eu execrava; foi então que ele me disse que acabava de visitar um grande proprietário de escravos que, chamando vários deles, perguntou-lhes se eram felizes, e se desejavam ser livres, ao que todos responderam 'não'. Perguntei-lhe então, certamente com ironia, se pensava que as respostas dos escravos, na presença de seu senhor, valiam alguma coisa. Isso lhe provocou uma cólera extrema, exclamou que eu duvidara de sua palavra, e, conseqüentemente, não poderíamos mais conviver." Felizmente, as cóleras terríveis do capitão do barco eram passageiras, mas, assim mesmo, muito incômodas.

O Beagle devia partir em fins de setembro, mas só levantou âncora em fins de dezembro de 1831. Darwin aproveitou esse tempo para melhor prover-se de material para colecionador. O tapete do mundo se desenrola diante do naturalista. A Bahia e o Brasil, com suas soberbas florestas, o Uruguai, a Argentina, a Terra do Fogo, o Chile, o Peru, Taiti, Nova Zelândia, Austrália, Ilha Maurício, Cabo, Santa Helena... para não falar do arquipélago das Galápagos. Os perigos da viagem estão em toda a parte, nessa América do Sul, que se encontrava em fogo e sangue, onde ele contrai uma febre desconhecida, que o abate durante várias semanas. Assovios de balas nos ouvidos em Buenos Aires, encontro com o homem "selvagem", quando, chegando à baía de Bom Sucesso, o barco é acolhido pelos uivos de um grupo de fueguinos, com longos cabelos ao vento e o rosto lambuzado de cores... Lendo seu notável *Diário de viagem*, descobre-se a metamorfose de um Darwin que se revela cada vez mais o zoólogo, o botânico, o geólogo, enfim o naturalista completo no qual ele praticamente já se transformou, graças a essa viagem, que considera retrospectivamente como "o acontecimento mais importante da minha vida". Darwin até renuncia à sua grande paixão, a caça, tendo constatado "insensivelmente e inconscientemente que o prazer de observar e de raciocinar suplantava em muito o prazer da habilidade e do esporte. Os instintos primitivos do bárbaro deram lugar aos gostos adquiridos do homem civilizado".

Levando na viagem o primeiro volume dos *Princípios de geologia* de Lyell (o cientista inglês partidário das "causas atuais", segundo o qual causas em ação no presente devem ter atuado no passado do globo terrestre), Darwin tentou, partindo dessa noção, considerar o conjunto da natureza no interior de uma síntese global. Mas as observações concretas sobre o terreno da viagem, quase tão vasto quanto o globo terrestre, predominam, sem dúvida, na formação da nova concepção científica de Darwin. No crepúsculo de sua vida, ele volta a esse período de formação: "Lembro também, não sem grande satisfação, alguns de meus trabalhos científicos, como a resolução do problema das ilhas de coral ou o levantamento da estrutura geológica de certas ilhas, por exemplo Santa Helena. Também não devo esquecer a descoberta das relações singulares, que existem entre os animais e as plantas das ilhas do arquipélago das Galápagos, nem as relações entre estes e aqueles que habitam a América do Sul."

O arquipélago das Galápagos é para Darwin um verdadeiro laboratório em tamanho natural, onde ele observa, sob seus olhos, a evolução das espécies: "Este arquipélago, com suas inumeráveis crateras e seus riachos de lava desnuda, parece ser de origem recente; e eu imaginava assistir ao próprio ato da criação. Muitas vezes, perguntei-me como foram produzidos esses animais e essas plantas tão particulares; a resposta mais simples me parecia ser que os habitantes das diversas ilhas eram provenientes uns dos outros, sofrendo, no curso de sua descendência, algumas modificações; e que todos os habitantes do arquipélago devem provir naturalmente da terra mais próxima, de colonos fornecidos pela América. Mas foi para mim um problema, durante muito tempo inexplicável, saber como as modificações necessárias puderam efetuar-se."[2] Darwin iria refletir, durante sua viagem e após seu retorno a 4 de outubro de 1836, no mecanismo capaz de produzir essas "modificações" das variedades e das espécies para chegar ao processo de evolução.

5. **Sua concepção do mundo.** No fim de sua *Autobiografia*, Darwin encontra utilidade até em sua doença, benéfica,

---

2 Ch. Darwin, *De la variation des animaux et des plantes à l'état domestique,* Ed. Reinwald, 1868, t. 1, p. 10.

apesar de tudo, para a obra que ele constrói com uma "paciência sem limites", no "amor à ciência" que o caracteriza no mais alto grau: "Sou metódico, o que me foi útil para o tipo de trabalho que executei. Enfim, dispus de muito tempo livre, porque não tive que ganhar meu pão. A própria doença, que ocupou vários anos de minha vida, preservou-me das distrações e dos outros divertimentos da sociedade."

Inteiramente consagrado à sua vocação científica, que ele vive como uma missão assumida, Darwin não tentou deformar os fatos observados segundo uma concepção do mundo que ele teria aceito *a priori*. Pelo contrário, deixa evoluir livremente sua concepção do mundo em correlação com a observação do meio experimental e conceitual ambiente. *A Origem das espécies* acaba com essas palavras: "Acaso não haveria uma verdadeira grandeza nessa concepção da vida, tendo sido com suas potências diversas insuflada primitivamente pelo Criador em um pequeno número de formas, talvez numa única forma, e da qual, enquanto nosso planeta, obedecendo à lei fixa de sua gravitação, continuava a girar em sua órbita, uma quantidade infinita de formas admiráveis, partidas de um começo dos mais simples, não cessaram de se desenvolver e se desenvolvem ainda?"[3] Seria a palavra "Criador", insinuada nessa frase, uma concessão à crença de sua mulher — de quem ele sempre guardou com emoção uma carta, ao mesmo tempo comovedora e incômoda, relativa à religião — e uma reverência formal, destinada a apaziguar — se isso é possível — a hostilidade eventual das Igrejas e de seus representantes, ou tratar-se-ia de uma convicção mais profunda?

---

3 Ch. Darwin, *L'origine des espèces*, Marabout Université, 1973, pp. 490-491.

Para tentar responder a essa interrogação, é preciso recorrer ao testemunho do próprio Darwin e também ao de sua obra. Efetivamente, ele escreveu, quando já era um velho sábio, estas linhas: "Antes de meu noivado, meu pai me aconselhou a esconder cuidadosamente minhas dúvidas, pois, dizia ele, isso causava grande sofrimento para as pessoas casadas." Uma carta muito significativa de sua mulher Emma Wedgwood — sua prima-irmã — escrita pouco depois do casamento, mostra sua alma atormentada, por causa do ceticismo que suspeitava em seu esposo: "Possa esse hábito científico de em nada acreditar que não tenha sido provado, não influenciar demasiadamente o seu espírito em outras matérias, aquelas que não podem ser provadas da mesma maneira, e que, se são verdadeiras, estão provavelmente além de nossa compreensão. Quero dizer também que existe um perigo em abandonar a revelação..." Essa carta, certamente, muito impressionou Charles, que a guardou até o fim, acrescentando-lhe algumas palavras suas: "Quando eu morrer, saibam que, muitas vezes, beijei esta carta chorando."

O desejo de poupar uma dor inútil à sua mulher poderia, sem dúvida, contribuir para uma certa tendência de Darwin a dissimular seu ceticismo religioso. Apesar de tudo, ele escreve com clareza, em sua *Autobiografia*, com uma lógica implacável: "Um ser tão poderoso e tão rico de conhecimento quanto o Deus que pôde criar o universo é, para nossos espíritos finitos, onipotente e onisciente; nossa compreensão se revolta ao supor que sua benevolência não seja sem limites, pois qual seria o interesse do sofrimento de milhões de animais inferiores durante um tempo quase infinito? Esse argumento muito antigo, tirado da existência do sofrimento, contra uma causa primeira inteligente, me parece muito forte; ao passo que, como se observou, a presença de tanto sofrimento concorda com a idéia de que todos os seres orgânicos se desenvolveram por variação e seleção natural."

Mas, algumas páginas depois, Darwin reconhece o peso de uma outra fonte de convicção da existência de Deus: "Ela decorre da dificuldade extrema, quase da impossibilidade de conceber esse universo imenso e maravilhoso, compreendendo o homem com sua capacidade de ver longe no passado e no futuro, como o resultado de uma necessidade ou de um acaso cegos. Uma tal reflexão me leva a considerar uma Causa Primeira tendo um espírito inteligente, análogo em certo grau ao do homem; e posso ser qualificado de deísta." Essa concepção, que lhe parecia sólida enquanto escrevia *A Origem das espécies,* iria evoluir, enfraquecendo-se progressivamente: "Será que não subestimamos a possibilidade de que uma educação constante na crença em Deus produza no espírito das crianças, em seus cérebros incompletamente desenvolvidos, um efeito tão poderoso que possa ser hereditário? Para elas, seria tão difícil recusar a crença em Deus quanto para um macaco abandonar seu ódio e seu medo instintivo à serpente.[4] Não pretendo jogar a menor luz sobre problemas tão obscuros. O mistério do começo de todas as coisas é insolúvel para nós; é por isso que devo contentar-me em permanecer agnóstico." Assim, Darwin, com uma total honestidade intelectual, pesando escrupulosamente os argumentos a favor e contra, escolhe a ati-

---

[4] Essa frase não foi publicada na edição de 1885 da *Autobiografia,* por causa de uma carta de sua mulher Emma Darwin a seu filho Francis, mostrando-lhe que ela deseja "vivamente a omissão, certamente, em parte, porque a opinião de seu pai segundo a qual toda moralidade formou-se por evolução me é dolorosa; mas também porque essa frase, quando aparece, produz um choque e poderia permitir que se diga, ainda que seja falso, que ele considerava todas as crenças espirituais como não sendo nada mais que gostos ou aversões hereditários, como o medo às serpentes entre os macacos".

tude menos confortável, mas a mais lógica e a mais compatível com as possibilidades do conhecimento humano.

6. Maturidade e velhice. Após o regresso da viagem, em fins de 1836, Darwin mora em Cambridge, na casa de Henslow, que guarda suas coleções, e depois aluga um apartamento. Estuda suas amostras geológicas e mineralógicas, detendo-se às vezes para certos convites mundanos, até a primavera de 1837, quando se instala em Londres, onde escreve seu *Diário de viagem*, estuda geologia e redige vários capítulos sobre a viagem no Beagle para a *Zoologia*. Além disso, anota suas primeiras reflexões sobre a origem das espécies.

Darwin se casa em janeiro de 1839 com Emma, filha de seu tio Jos Wedgwood, e durante o mesmo ano publica seu *Diário de viagem*, muito bem recebido pelo mundo científico; enfim, aceita a função de secretário da Sociedade Geológica, que recusara dois anos antes, e que conservaria até 1841, quando sua saúde, aparentemente frágil desde sua volta à Inglaterra, começa a se alterar de modo inquietante, o que levou seu filho a escrever mais tarde: "Durante quarenta anos, ele nunca teve um dia de boa saúde, como os outros homens; sua vida foi um longo combate contra a fadiga e a doença." As causas da doença de Darwin não foram verdadeiramente elucidadas. Uma hipótese plausível é que ele tenha contraído a doença de Chagas, durante sua estada na Argentina, por causa da picada de um percevejo *Benchura*, que pode ser o vetor do *Trypanosoma Cruzi*, agente que transmite a doença. Identificado mais tarde, em 1909, esse tripanossomo produz uma doença, cujos sintomas parecem coincidir com a descrição que Darwin faz da sua, pois o tripanossomo invade a parede intestinal, perturbando os movimentos peristálticos, e, o que é ainda mais grave, penetra no músculo cardíaco, provocando uma lassidão e uma fadiga geral, atacando o feixe aurículo-ventricular, o que acarreta a parada do coração. Ora, Darwin teve vários ataques cardíacos, e o último lhe foi fatal. Se essa hipótese pudesse ser confirmada, Darwin teria pago com uma longa doença, que finalmente lhe custou a vida, a paixão científica que o levou ao Beagle, conduzindo-o para essas terras longínquas, onde foi contaminado: o sábio inglês não seria apenas um herói, mas também um mártir da ciência.

Apesar da doença lancinante, ele conseguiu terminar em 1842 um notável trabalho sobre a estrutura e a distribuição dos recifes de coral. Cansado da "desprezível cidade enfumaçada", que se tornou para ele Londres, Darwin compra, em Down, a vinte milhas da capital, uma grande casa confortável, no meio de um parque, à qual ele acrescentaria uma varanda, um gabinete de trabalho, e, mais tarde, uma estufa para suas experiências. Nesse lugar, cuja tranqüilidade camponesa seduziu Darwin, pôde ele viver como patriarca, no meio de sua família, como trabalhador da ciência fora do comum, e como homem sábio até o fim de sua vida. Depois da publicação de *A Origem das espécies,* Darwin conhece a verdadeira glória, sendo cumulado de todas as honras que podem chover sobre um cientista: em 1864, recebe, por exemplo, a medalha Copley, a suprema distinção conferida pela Sociedade Real, a mais alta academia da Grã-Bretanha. Sua reputação mundial lhe traz a homenagem unânime do mundo científico, enquanto seu nome se difunde entre o grande público. Seguro da vitória científica de sua teoria da evolução, Darwin saboreia em vida — fato extraordinariamente raro — o reconhecimento de sua obra capital, que, ainda hoje, é às vezes mal compreendida ou desnaturada por doutrinas que não suportam a verdade, sempre relativa, da ciência.

Os últimos anos da vida de Darwin são às vezes anuviados pela velhice e a doença. Apesar de tudo, dois dias antes de sua morte, já gravemente atingido, encontra ele a tranqüilidade de espírito de anotar os resultados de uma experiência, que realizava com um de seus filhos. O sábio se extingue corajosamente: "Não tenho medo algum", disse ele, um dia antes de sua morte, que acontece suavemente a 19 de abril de 1882. Darwin foi enterrado perto de Isaac Newton, no interior da famosa catedral de Westminster.

7. **A vida passa, a obra fica.** Após seu retorno da viagem de volta ao mundo, a vida de Darwin decorre como um rio tranqüilo, sulcado apenas por seus trabalhos científicos e suas obras de interesse excepcional. Depois das primeiras publicações — *A volta ao mundo de um naturalista* (1839) e *Os recifes de coral, sua estrutura e sua distribuição* (1842) —, Darwin continua a imprimir seus estudos — *Observações geológicas sobre as ilhas vulcânicas* (1844) e *Observações geológicas sobre a América do Sul* (1846). Assim, como digno amigo e discípulo de Lyell, termina esse tríptico de geologia, inspirado por sua viagem no Beagle; uma segunda edição, em 1845, do seu *Diário de viagem*, prova que este não passou despercebido e desperta certamente interesse.

Depois de 1846, Darwin, deixando de lado a geologia, passa ao estudo de um grupo de Crustáceos marinhos, os Cirrípedes, entre os quais os mais conhecidos se fixam no casco dos navios. Quando estava nas costas do Chile, Darwin descobriu um tipo aberrante nesse grupo, e dele fez uma subordem. Para situá-lo no lugar biológico que lhe convém, Darwin foi levado ao estudo do grupo em sua totalidade, durante nada menos de oito anos de trabalho. O resultado dessas pesquisas minuciosas seriam dois grandes volumes monográficos de um milhar de páginas. A paciência de Darwin foi ainda mais notável, pois teve que fazer, mesmo sendo um anatomista sem experiência suficiente, dissecções difíceis; mais tarde, ele se perguntaria se não consagrara demasiado tempo e trabalho a esse grupo zoológico... Todavia, essa experiência, familiarizando-o com a sistemática animal e a anatomia comparada, iria, certamente, ser-lhe útil em sua formação de naturalista confirmado. Além disso, Darwin evidenciou fatos novos para a ciência, como, por exemplo, certos pequenos machos suplementares, que parasitam os membros hermafroditas de um tamanho muito maior...

Data excepcional, tanto para a vida científica de Darwin, quanto para a ciência universal, 1859 é o ano da publicação de *A Origem das espécies*, obra capital, de que voltaremos a falar. Apesar do sucesso do livro, para o qual, involuntariamente, até os seus adversários mais ferrenhos só fizeram publicidade, Darwin não dorme sobre os louros conquistados, mas continua, imperturbável, seu caminho científico. Assim, outras obras notáveis prolongam seu pensamento, desenvolvido em *A Origem das espécies;* trata-se de *A variação dos animais e das plantas em estado doméstico* (1868), *A descendência do homem* (1871) e, um pouco mais tarde, *A expressão das emoções no homem e nos animais* (1872). Sem ter sido, anteriormente, botânico, Darwin empreende pesquisas experimentais de biologia vegetal, das quais espera confirmações suplementares quanto à evolução e à adaptação; tais pesquisas repousam o espírito de Darwin de seu extenuante trabalho conceitual e, mais ainda, oferecem-lhe o prazer de deter-se no mundo apaixonante do reino vegetal. Várias obras importantes assinalam essa via fecunda, aberta por Darwin: *Da fecundação das orquídeas pelos insetos* (1862), *Os movimentos e os hábitos das plantas trepadeiras* (1865), *As plantas insetívoras* (1875), *Dos efeitos da fecundação cruzada e direta no reino vegetal* (1876), *Das diferentes formas das flores entre as plantas da mesma espécie* (1877); enfim, *A faculdade motora nas plantas* (1880); este último trabalho feito em colaboração com seu filho Francis.

Uma última obra publicada por Darwin, um ano antes de sua morte, em 1881, estuda *O papel das minhocas na formação da terra vegetal*... Resulta de tal enumeração de livros que Darwin era um naturalista completo, que não desprezava nenhum assunto que dissesse respeito ao que se chama hoje as ciências da vida e da terra. Ele conserva todo o seu frescor na observação da natureza e sua satisfação é visível quando descobre a curiosa sensibilidade das plantas insetívoras, falando, por exemplo, da *Drosera*, "essa planta maravilhosa, ou antes, esse animal dos mais perspicazes". Apaixonado pelas mais humildes pesquisas concretas, que, freqüentemente, não são as menos importantes, como pelas teorias mais fundamentais da evolução, Darwin oferece o exemplo de uma rara e fértil simbiose entre o experimentador vivido e o teórico excepcional.

capítulo II

OUTRAS RAÍZES DO DARWINISMO

Já passamos em revista, no capítulo precedente, certas observações efetuadas durante a viagem no navio Beagle e sua ressonância sobre o pensamento de Darwin que, sendo fixista ao partir, é evolucionista ao voltar. Como ele próprio reconhecia, as idéias transformistas de seu avô Erasmus Darwin, como as de Lamarck, atiçaram a curiosidade do jovem naturalista, e, pelo menos, atraíram sua atenção, no início, para o problema da origem das espécies. Se o evolucionismo preexistia ao darwinismo, este último forneceu as provas que ganharão, enfim, a convicção geral e apresentou um mecanismo de evolução, cujo núcleo — a seleção natural — continua válido na ciência atual.

1. Precursores do darwinismo. Os precursores mais conhecidos de Darwin, que já mencionamos, são Erasmus Darwin, seu avô, e Lamarck. Para não nos reportarmos até a Antigüidade greco-romana — aos ancestrais presumíveis do pensamento evolucionista — detenhamo-nos um instante no século das Luzes, onde encontramos idéias evolucionistas às vezes mais modernas do que se pensa habitualmente. Assim, Maupertuis formula um transformismo generalizado, reunido a uma hipótese corpuscular da hereditariedade, que só deveria desabrochar em nosso século. Indo muito mais longe que Buffon, Maupertuis escreve estas palavras, síntese admirável, digna do que se chamaria mais tarde evolucionismo:[1] "Não se poderia explicar assim, como de dois únicos indivíduos resultou a multiplicação das espécies mais dessemelhantes? Elas deveriam sua primeira origem apenas a algumas produções fortuitas, nas quais as partes elementares não teriam conservado a ordem que elas tinham nos animais pais e mães: cada erro teria formado uma nova espécie e, graças a desvios repetidos, ocorreria a diversidade infinita dos animais que vemos hoje, que talvez aumentará ainda com o tempo, mas à qual a seqüência dos séculos só trará acréscimos imperceptíveis." À frente do evolucionismo de Lamarck e esquecida durante muito tempo pelo mundo científico, a hipótese das mutações aleatórias de Maupertuis o liga diretamente ao mutacionismo moderno. Um outro mutacionista, o botânico Antoine-Nicolas Duchesne, observou em Versalhes, em 1761, a primeira mutação estudada com um cuidado especial: trata-se da *Fragaria monophylla*, uma nova variedade de morangos. Alphonse de Candolle, naturalista suíço, exumando a obra evolucionista de Duchesne, apresentou-a a Darwin, em 1880. Certamente, deve-se atribuir a Duchesne o mérito de ter descoberto a mutagênese bem antes de Hugo de Vries, em meados do século das Luzes.[2]

Nesse mesmo século, não se deve omitir o precursor do pensamento evolucionista que foi o enciclopedista Diderot.[3] Mas, nesse domínio, o nome mais conhecido é o

---

1 Denis Buican, *Génétique et pensée évolutionniste. Regards sur l'histoire,* Ed. SEDES, 1987.

2 Denis Buican, *La révolution de l'évolution*, PUF, col. "Histoires", 1988.

3 Denis Buican, Diderot, biologiste avant la biologie, *Science et Vie,* n.º 803, agosto 1983.

de Buffon, cujo "transformismo limitado" — segundo a expressão de Jean Rostand — iria, mais tarde, encontrar eco na elaboração do evolucionismo progressivo de Lamarck, enquanto que a atmosfera pós-revolucionária podia pôr este último a salvo dos golpes com os quais a antiga Faculdade de Teologia da Sorbonne atacara a *Teoria da Terra* de Buffon, que atribuía a nosso planeta uma idade aproximada de 74.000 anos, em vez dos 6.000 anos apregoados pela Igreja de então. Fiel, talvez, à sua concepção de que "é melhor ser polido que enforcado", Buffon se retrata diante do sectarismo da Sorbonne, explicando-se, na intimidade: "Quando a Sorbonne me criou problemas, não relutei em lhe dar todas as satisfações que ela desejasse. Foi apenas uma pantomima, mas eles são bastante tolos para se contentarem com isso."

Lamarck, homem do século XVIII, torna-se evolucionista, com seu *Discurso de abertura do ano VIII (21 de floreal do ano VIII — 11 de maio de 1800)* e suas teorias culminariam com a publicação, em 1809, da sua célebre *Filosofia zoológica.* Um outro grande partidário do transformismo dessa época científica movimentada, Etienne Geoffroy Saint-Hilaire, cruzaria a espada da dialética com o fixista Cuvier, por volta de 1830, na Academia de Ciências de Paris. Esses combates de idéias foram seguidos com grande interesse pelos círculos científicos da época, chegando assim até os ouvidos atentos de Goethe e, talvez, ao menos em seus ecos longínquos, até Darwin. Os debates da Academia de Ciências de Paris foram favoráveis ao fixismo, mas o evolucionismo de Lamarck e de Geoffroy Saint-Hilaire, aparentemente vencido pela autoridade de Cuvier, ressurgirá mais tarde, principalmente após a penetração, que também foi difícil, da teoria de Darwin, cuja *Origem das espécies* é a obra principal.

Depois de Etienne, seu filho Isidore Geoffroy Saint-Hilaire, citado várias vezes por Darwin, trabalha com a teratologia — estudo das monstruosidades — permanecendo adepto de Lamarck e de seu pai, aceitando, pois, a hereditariedade do adquirido; apesar disso, ao falar das "mutações monstruosas", parece chegar ao mutacionismo atual. Outros precursores da genética, como Sageret e Naudin, citados também por Darwin, se aproximam da descoberta das leis de Mendel.

Se os precursores de Darwin não conquistaram a convicção do mundo científico da época, por múltiplas razões e desrazões, criaram, em contrapartida, a atmosfera que fez brotar no espírito do cientista inglês seu evolucionismo específico. Quanto ao mecanismo seletivo deste, e suas causas, é preciso tentar encontrar suas raízes, primeiramente, naquilo que Darwin chamaria seleção artificial.

2. As metamorfoses da gênese de uma teoria evolucionista. Darwin viu com seus próprios olhos, pela primeira vez, a evolução em ação, em fins de novembro de 1832, encontrando, nas proximidades de Montevidéu, na América do Sul, vestígios de grandes tatus fósseis com grande semelhança com os tatus, de tamanho menor, que existem, em nosso tempo, na mesma região. Para explicar uma tal semelhança, o fixismo, segundo Cuvier, teria afirmado que os tatus fósseis foram eliminados por uma dessas bruscas revoluções ou catástrofes, ocorridas no passado na superfície do globo terrestre, e, em tal hipótese, os tatus de hoje só poderiam provir de uma nova criação divina. A teoria de Lyell, referente à continuidade geológica, parece mais plausível para o caso observado, mas então é preciso supor a continuidade biológica, isto é, a filiação transformista dos tatus do presente àqueles cujos fósseis testemunham sua existência no passado. Darwin dá esse passo, confirmado em suas novas convicções evolucionistas pelas observações feitas sobre as tartarugas das Galápagos.

Com efeito, em 1835, Darwin constata que o arquipélago das Galápagos, também chamado arquipélago das

Tartarugas, possui grandes tartarugas, cujas espécies variam segundo a ilha que habitam. Para explicar a existência dessas múltiplas espécies, podia-se recorrer a duas hipóteses: ou a criação de uma espécie diferente para cada ilha, ou seu aparecimento, por transformação natural, a partir de uma origem única. Darwin opta por esta última hipótese, e, em seu primeiro caderno de notas, escrito entre julho de 1837 e fevereiro de 1838, apresenta opiniões transformistas, ao falar da genealogia dos seres vivos: "A árvore da vida deveria talvez ser chamada coral da vida, base dos ramos mortos, de tal maneira que as passagens não podem ser percebidas." Esse "coral" deveria responder à antiga objeção de Cuvier contra o transformismo, relativa à ausência das formas intermediárias entre as espécies de hoje e as espécies fósseis do passado. Darwin diz, sem rodeios, aos adversários que retomaram tais argumentos e pedem que lhes mostrem as formas de transição do processo de transformação: "Sim, responderei, se quiserem me mostrar todas as passagens entre o buldogue e o galgo." Esta última asserção já implica o paralelismo que Darwin fará mais tarde entre a gênese das espécies biológicas na natureza e a formação das raças dos animais domésticos.

Dessa época data também uma nota, em que Darwin não põe nenhuma barreira entre nossa própria espécie e as outras, pois "a diferença de inteligência entre o homem e os animais não é tão grande quanto aquela que existe entre as coisas vivas sem pensamento (plantas) e as coisas vivas com pensamento (animais)". A idéia da unidade do mundo vivo surge com clareza: "Se tomamos o partido de seguir essa hipótese até o fim, então todos os animais, nossos irmãos e companheiros na doença, na morte, no sofrimento e na fome, nossos escravos em nossos maiores labores, companheiros de nossos divertimentos, podem participar de nossa origem, num ancestral comum. Assim, estaríamos todos fundidos." Darwin logo percebe a importância excepcional da sua teoria transformista, que "daria interesse à anatomia comparada, recente e fóssil; conduziria ao estudo dos instintos, da hereditariedade, da hereditariedade psíquica...", enfim, uma tal teoria "levaria também ao exame mais minucioso do hibridismo, da regeneração, das causas de mudança, a fim de saber de onde viemos e para onde vamos, que circunstâncias favorecem o crescimento e que circunstâncias o prejudicam; isso e o exame direto de passagens diretas do organismo nas espécies poderiam conduzir às leis da mudança, que seriam então o principal objeto de estudo para guiar nossas especulações".

Parece, de acordo com as linhas precedentes, que em 1837 Darwin se tornara transformista e encarava com otimismo as conseqüências excepcionais que decorreriam do aprofundamento dessa teoria, com repercussões nos campos mais diversos. Transformista mas não darwinista, pois ainda não tinha elaborado a teoria, que lhe é própria, sobre o mecanismo da evolução. Durante esse longo período de elaboração, que duraria mais de vinte anos, Darwin encontraria argumentos para a sua teoria na experiência relativa à seleção artificial das plantas cultivadas e dos animais domésticos, e na teoria de Malthus sobre a superpopulação.

3. **A seleção artificial.** Em *A Origem das espécies,* Darwin reconhece o que sua teoria deve ao estudo da "variação sob a influência da domesticação" e sublinha "o poder da ação que o homem pode exercer, acumulando por seleção uma série de pequenas variações sucessivas". Entre outros exemplos de ação da seleção artificial, Darwin toma o das raças atuais das galinhas, muito diversas, que descendem de um ancestral único, *Gallus bankiva.* Do mesmo modo, como mostra o cientista inglês, a multidão de raças dos pombos domésticos provém, por seleção artificial, do pombo bravo cinzento, *Columba livia,* o que representa um

exemplo vivo da diversificação a partir de uma cepa de origem.

Darwin admite o fato de que "certas variações úteis ao homem surgiram, provavelmente, ou subitamente ou por etapas". Cita ele até certas variações, que nós chamamos hoje mutações, como o cardo de pisoeiro, ou, no reino animal, o cão *basset* de pernas tortas ou o carneiro Ancon de patas muito curtas, que "também surgiu de modo súbito". Mas ele não se detém em tais tipos de variações bruscas de grande amplitude. Efetivamente, Darwin mostra que a chave da origem da multidão das raças atuais se encontra na aplicação da seleção exercida pelo homem às variações sucessivas fornecidas pela natureza. Considera ele que, desde os tempos mais remotos, funcionou uma "seleção inconsciente", quando o homem escolhia espontaneamente as plantas e os animais que lhe eram mais úteis, durante um grande número de gerações sucessivas. Considerando as circunstâncias favoráveis à seleção pelo homem, Darwin assinala a importância do número, pois como "as variações notoriamente úteis ou agradáveis ao homem só aparecem ocasionalmente, a chance de vê-las surgir será tanto maior quanto mais considerável for o número dos indivíduos produzidos..." Se substituíssemos "variações" pela palavra "mutações", esta última asserção de Darwin ainda seria válida hoje. Essa atualidade do darwinismo é extremamente notável, sobretudo se se conhece o estado insuficiente dos conhecimentos da época sobre a hereditariedade. Evidentemente, a "variabilidade" do tempo de Darwin está há muito ultrapassada, quer se trate daquilo que ele chama variações definidas, indefinidas ou correlativas... Mas, como veremos mais tarde, pode-se substituir sem dificuldade essas diferentes categorias de variabilidade, mal definidas na ausência da genética, ciência inexistente então, por variações hereditárias do patrimônio genético, isto é, pelas mutações, que são reconhecidas pela biologia e pelo vocabulário de hoje.

Darwin desmente certos autores que afirmam que os animais domésticos teriam atingido o limite da variação, isto é, que não são mais suscetíveis de se transformar. O futuro lhe dará razão, pois as novas raças de animais e as variedades de plantas obtidas desde então provam a clarividência do cientista inglês. Ele não exclui nenhuma causa de variabilidade, nem mesmo "os efeitos do uso e da falta de uso", e logo, a hereditariedade do adquirido, que Weismann iria repudiar, não sem razão, mas Darwin põe acima de todas as causas eventuais de mudança a seleção artificial, quer se trate das operações de escolha metódica ou de uma seleção inconsciente. Por analogia com a seleção artificial, Darwin concebeu o que continua sendo o núcleo válido de sua teoria, a seleção natural. Mas se o homem é o fator ativo, consciente ou inconsciente, da seleção artificial, quais podem ser as causas que resultam no mecanismo da seleção natural? A essa pergunta, Darwin responderá tomando como ponto de partida a existência de uma superpopulação na natureza.

4. Malthus e a superpopulação no mundo vivo. Darwin chega à conclusão de que a luta pela existência leva, na natureza, à seleção natural. Esse combate pela vida é, segundo o evolucionista inglês, "a conseqüência necessária e inevitável" da "razão geométrica", que rege o crescimento dos seres vivos e "constitui a aplicação aos reinos animal e vegetal da doutrina de Malthus". Logo de início, Darwin sublinha a dificuldade de ter sempre presente ao espírito a luta pela existência como um efeito de uma superpopulação em relação à insuficiência dos meios de subsistência: "Contemplamos a natureza brilhante de alegria, vemos muitas vezes a superabundância de alimento; mas não vemos, ou esquecemos, que os pássaros que cantam junto a nós vivem, na maioria, de insetos ou de grãos,

e estão assim constantemente ocupados em destruir a vida; ou nós esquecemos quantos desses cantores dos bosques, de seus ovos e de seus filhotes são destruídos pelos animais carnívoros, e nem sempre pensamos que, se o alimento é hoje superabundante, não acontece o mesmo em todas as épocas do ano."[4]

A rigor, Darwin até poderia ter dispensado a lei de Malthus, que ele toma como ponto de partida, ao determinar a progressão geométrica do crescimento, constatando simplesmente a taxa exorbitante da proliferação das espécies na natureza. O autor de *A Origem das espécies* mostra que até a espécie humana, cuja reprodução é lenta, pode dobrar em vinte e cinco anos, e, conseqüentemente, "ao fim de alguns milhares de anos, literalmente, não restaria mais lugar para a sua progenitura". O elefante — que, entre os animais conhecidos, é o que se reproduz mais lentamente — chega, segundo o cálculo de Darwin, depois de cerca de 750 anos, a 19 milhões de indivíduos partindo de um único casal. Evidentemente, esses cálculos fazem abstração dos "obstáculos ao aumento", que se encontram em toda parte, na natureza.

Antes de examinar o problema da prioridade da descoberta desse núcleo do evolucionismo — a seleção natural —, deve-se constatar que, para formular essa hipótese, Wallace foi inspirado, exatamente como Darwin, pela superpopulação de que fala Malthus, o célebre economista. Isso leva Jean Rostand a escrever, no estilo que lhe é próprio: "É essa, acredito, a única dívida que a biologia contraiu com a economia política."[5] Com efeito, a tese sociológica de Malthus, tão controvertida no passado como hoje, afirmava a existência de uma "tendência constante,

---

4 Charles Darwin, *L'origine des espèces,* Ed. Marabout Université, 1973, p. 75.

5 Jean Rostand, *Charles Darwin,* Gallimard, 1948; reed., 1982, p. 81.

que se manifesta entre todos os seres vivos, a aumentarem sua espécie, mais do que comporta a quantidade de alimento que está à sua disposição". E, continua Malthus, "se a face da terra fosse despojada de qualquer outra planta, uma única espécie, o funcho, por exemplo, chegaria a cobri-la, e se existisse apenas a nação inglesa, por exemplo, em poucos séculos, ela teria povoado a terra". Pois a "natureza espalhou com mão liberal os germes da vida nos dois reinos, mas foi econômica em lugar e alimento... A falta de lugar e de alimento faz perecer nesses dois reinos aquilo que nasce além dos limites determinados para cada espécie. Além disso, os animais são reciprocamente presas uns dos outros". Tais palavras de Malthus, economista inglês que se tornou célebre com a publicação, em 1798, de seu *Ensaio sobre a população,* não poderiam deixar de suscitar a atenção de Darwin e de Wallace, já sensibilizados por suas observações da natureza para tal tipo de raciocínio.

5. **Wallace e a seleção natural.** Alfred Russel Wallace (1823-1913), nascido em Usk (Monmouthshire), filho de um homem da lei quase arruinado, é um naturalista amador, que foi obrigado a deixar a escola com a idade de treze anos para tornar-se agrimensor aprendiz, junto a seu irmão. Aos vinte e um anos, tendo que ganhar a vida como bedel numa escola particular de Leicester, utiliza seu tempo livre para ler obras científicas, que toma emprestado à biblioteca da cidade. Entre elas, aprecia sobretudo os *Princípios de geologia,* de Lyell, os *Diários de viagem,* de Humboldt e de Darwin, e o *Ensaio sobre a população* do economista Malthus. Já atraído, através dos livros, para as ciências naturais, conhece o entomologista Bates, que desempenhou para ele o papel que foi o de Henslow para Darwin. Wallace e Bates, juntos, começam a colecionar insetos e planejam uma viagem cien-

tífica, nas pegadas de Humboldt, para coletar animais; com a venda das amostras colhidas em "duplicata" poderiam, pelo menos é o que esperam, recuperar as despesas com a expedição. Wallace lê o livro de Robert Chambers, naturalista amador, *Vestiges of the Natural History of Creation*, publicado em 1844, que defende, sem originalidade, a tese transformista, segundo Erasmus Darwin e Lamarck, com vigor de estilo e de argumentação, mas sem grande rigor científico. Influenciado por esse livro, Wallace está próximo de admitir a idéia de um desenvolvimento gradual do mundo vivo, e começa a encarar a viagem científica como ocasião de reunir fatos novos, relativos à transformação das espécies. Com Bates, Wallace parte em 1848 para a Amazônia, onde deveriam ficar durante quatro longos anos. Voltando dessa expedição, o naturalista publica uma narração de viagem à Amazônia e ao Rio Negro, e um pequeno livro sobre as palmeiras do continente americano.

Um pouco mais tarde, em 1854, parte de novo, desta vez só, para o arquipélago malásio. Durante uma estada em Sarawak, em 1855, elabora um ensaio, intitulado *Da lei que regeu a introdução de novas espécies*, que encerra idéias transformistas. Wallace publica esse ensaio em *Annals and Magazine of Natural History;* chama a atenção de Lyell e até de Darwin, que lhe escreveria uma carta para "por assim dizer, aprovar cada palavra". Assim, como Darwin, Wallace se tornara transformista, mas sem poder conceber ainda o mecanismo do processo da evolução.

Chegando, em janeiro de 1858, a Ternoto, no arquipélago das Molucas, Wallace cai doente com uma febre intermitente, que o obriga, no momento do acesso, a ficar deitado várias horas por dia. Durante um desses intervalos, consagrado ao repouso forçado, Wallace concebe, como que em uma iluminação súbita, sua hipótese referente à seleção natural, lembrando-se da famosa passagem de Malthus, que lera uns doze anos antes, na qual o economista se detinha sobre as causas suscetíveis de limitar o crescimento dos diferentes grupos de seres vivos. Wallace considera assim a possibilidade de seleção pela fome, e pela morte que atinge de maneira diferenciada as espécies e os indivíduos que as compõem. Assim, Wallace tende a resolver uma questão fundamental: achar uma solução nova para o mecanismo do desenvolvimento das espécies biológicas. Fascinado pelo horizonte científico que lhe abre essa formidável intuição, Wallace redige em apenas três dias o texto em que defende sua grande hipótese. Envia esse trabalho a Darwin, com quem se corresponde, esperando que este julgue suas idéias tão novas quanto ele próprio, e pedindo-lhe que as faça chegar a Lyell. Assim, a idéia de seleção natural, que germinou primeiro na cabeça de Darwin, encontrou em Wallace um codescobridor independente. A explicação dessa dupla descoberta pode, certamente, ser encontrada na origem comum de algumas de suas leituras básicas, entre as quais Malthus e Lyell, em sua paixão pela natureza e pelas coleções de insetos e, principalmente, na liberdade de espírito de dois naturalistas amadores — no mais alto sentido do termo — situando-se fora de uma ciência oficial que, muitas vezes, produz a esclerose e o conformismo, para não falar da persistência no erro, em seus servidores verdadeiros ou supostos.

6. Darwin e Wallace. Nas linhas anteriores, fez-se menção da carta de 1º de maio de 1856, em que Darwin aprova inteiramente o ensaio de Wallace. Além disso, na mesma carta, Darwin comunica a seu correspondente que chegou a uma idéia distinta da de seus predecessores, referente às causas e aos meios de variação na natureza: "Será ela verdadeira, será falsa? Que outros a julguem, pois a

mais firme convicção que tem o autor da verdade de sua doutrina não parece ser, infelizmente, a menor garantia da verdade."

Contente com essa prova de confiança dada por Darwin, Wallace escreve, a 4 de janeiro de 1858, a seu amigo Bates: "Fiquei muito feliz com uma carta de Darwin, em que ele me diz que subscreve 'quase palavra por palavra' o meu trabalho. Ele está preparando agora sua grande obra sobre as espécies e as variedades, para a qual reúne material há vinte anos. Ele pode me poupar muita dificuldade provando que não há diferença de natureza entre espécies e variedades, como também pode me perturbar formulando outra conclusão; mas, de qualquer forma, poderei trabalhar sobre seus dados." Resulta dessas palavras que Darwin não partilhou sua concepção referente ao mecanismo de transformação das espécies com seu correspondente.

Em uma outra carta, de 22 de dezembro de 1857, que, evidentemente, só chegou a Wallace após este ter escrito sua própria carta citada acima, Darwin exprime sua concordância com Wallace, sem lhe comunicar sua própria descoberta: "Mesmo concordando com suas conclusões, creio que vou bem mais longe; mas participar-lhe minhas idéias teóricas seria tarefa excessivamente longa. . ." Enfim, respondendo a Wallace, parece hesitar em abordar o problema delicado da evolução do homem: "O sr. me pergunta se eu discutirei 'o homem'. Acho que evitarei esse tema, que está cercado de tão grande número de preconceitos, ainda que eu admita que, para um naturalista, esse seja o problema mais elevado e mais interessante. . ." Não é sem interesse observar que Wallace nunca estenderá, por motivos religiosos, sua teoria transformista até a espécie humana, o que Darwin fará, em seu livro consagrado à *Descendência do homem* (1871).

Recebendo, em 1858, o trabalho de Wallace, Darwin constata que este chegou, independentemente, às mesmas conclusões relativas à seleção natural, como principal mecanismo de transformação das espécies. Assim, Darwin escreve uma carta a Lyell, a 18 de junho de 1858, transmitindo-lhe esse trabalho, que lhe causa um grave problema de consciência: "Sua previsão se realizou como uma vingança... Nunca vi coincidência mais impressionante; se Wallace tivesse visto o manuscrito de meu esboço, escrito em 1842, não teria feito um melhor resumo dele; seus próprios termos são os títulos de meus capítulos. Peço-lhe que me devolva o manuscrito; ele não me diz que deseja publicá-lo, mas, naturalmente, eu me oferecerei para enviá-lo a qualquer jornal. Assim sendo, toda a minha originalidade, seja ela qual for, será destruída, ainda que meu livro, se é que ele tem algum valor, não deva sofrer com isso, pois todo o trabalho consiste na aplicação da teoria. Espero que o sr. aprove o esboço de Wallace, e eu poderei dizer a ele o que o sr. pensa."

7. **A prioridade de Darwin.** Uma troca de cartas com Lyell mostra o escrúpulo do grande naturalista, diante da sugestão do geólogo de publicar seus próprios trabalhos. Darwin defende, primeiramente, a prioridade de sua descoberta: "O esboço de Wallace não contém nada que já não esteja mais desenvolvido em meu esboço copiado em 1844, e do qual Hooker teve conhecimento há uns doze anos. Há cerca de um ano, enviei a Asa Gray um resumo de minhas opiniões, do qual guardei uma cópia... de modo que me é possível afirmar com verdade e provar que nada tomo emprestado a Wallace." Apesar disso, mostra-se ele atormentado pelo temor de comportar-se "de maneira vil e mesquinha...": "Ficaria muito feliz em publicar agora um esboço de minhas idéias gerais, em mais ou menos uma dúzia de páginas, mas pergunto-me

se posso fazê-lo honrosamente. Wallace não fala de publicar, e envio-lhe a sua carta. Como eu não tinha nenhuma intenção de publicar um esboço, posso fazê-lo honestamente agora que Wallace me enviou um resumo de sua doutrina? Eu preferiria queimar todo o meu livro a fazer crer, a ele ou a outros, que me comportei de modo mesquinho."

Darwin volta várias vezes a tais questões, que, visivelmente, lhe torturam o espírito, em sucessivas cartas dirigidas a Lyell, a quem diz: "Sempre pensei que o sr. seria um excelente guarda-selos. Dirijo-me pois ao sr. como meu guarda-selos." Constituindo como juízes Lyell e Hooker — isto é, a opinião de seus dois melhores amigos — Darwin hesita muito diante da atitude a adotar: conservou-se o rascunho de uma carta dirigida a Wallace, na qual ele lhe cede a prioridade da descoberta.

Façamos agora um pequeno recuo, até a gestação da teoria de Darwin, de que resulta com clareza a sua prioridade científica. Já vimos que a idéia da evolução das espécies por seleção natural germinou na cabeça de Darwin desde 1838, quando ficou conhecendo a teoria da "superpopulação" de Malthus. Darwin passou mais de vinte anos examinando sua hipótese, em relação com as realidades naturais. O cientista inglês oscila entre as confirmações de sua teoria, que obtém examinando direta e indiretamente, através dos livros, a natureza, e a dúvida, o ceticismo diante de suas próprias hipóteses.

Logo após sua instalação em Down, em 1842, o naturalista confia a algumas páginas, usando um simples lápis, um esboço sumário de sua teoria, mas dois anos mais tarde, em junho de 1844, ditaria a um secretário uma exposição circunstanciada de 231 páginas. Sem ter a intenção de publicá-la no momento, deixa uma carta, escrita a 5 de julho de 1844, dirigida à sua mulher, para pedir-lhe que publique essa obra "no caso em que eu morra subitamente, como o último e mais solene pedido, e estou certo de que o atenderá, como se ele estivesse escrito em meu testamento..." Na mesma carta, diz: "Acabo de terminar meu *Esboço da teoria das espécies.* Se, como acredito, a teoria for aceita em algum momento, mesmo que por um único juiz competente, será um passo considerável para a ciência." Nessa época, Darwin designa o geólogo Lyell como o cientista mais qualificado para publicar o seu *Esboço*, e, dez anos mais tarde, em 1854, escolhe, para o mesmo cargo de confiança, o botânico Hooker, genro de Henslow, que foi diretor do célebre jardim botânico de Kew.

Por que Darwin hesitou em publicar ele próprio, imediatamente, sua teoria? Talvez ele a considerasse apenas como um "esboço", que deveria ser completado e precisado, com o tempo, e, talvez, o aparecimento do livro de um naturalista amador, publicado no mesmo ano de 1844, o estimulou a pôr sua teoria no papel e o dissuadiu de confiá-la à imprensa, simultaneamente. Efetivamente, o ano de 1844 é o da publicação de um livro anônimo — *Vestiges of the Natural History of Creation* — que na realidade, era obra do naturalista amador Robert Chambers. Tomando emprestado a Lamarck as idéias principais, esse livro era, depois de *A filosofia zoológica* (1809), a primeira obra de conjunto sobre o transformismo biológico. Foi ela um sucesso de livraria — o que mostra o interesse de um público culto, bastante vasto, para o evolucionismo — mas foi recebida com hostilidade pelos especialistas, que acusaram erros, bastante evidentes, principalmente no terreno da zoologia e da geologia. Tais obras, apesar de seu interesse para a propagação da idéia do transformismo, arriscavam-se a desacreditar essa tese aos olhos do mundo científico. Assim, Darwin foi levado a constatar que o "Sr. Vestígios" podia ser um aliado incômodo para o evolucionismo.

As hipóteses transformistas de Darwin foram longamente amadurecidas no segredo de seu espírito, antes que ele começasse a partilhá-las com seus amigos, principalmente o botânico Hooker, a quem escreve em 1844: "...depois de minha volta, fiquei absorvido por um trabalho dos mais presunçosos; de fato, não conheço ninguém que não o declarasse insensato. Fiquei tão impressionado pela distribuição das Galápagos... e com as características dos mamíferos fósseis da América, etc., que me decidi a reunir cegamente todos os fatos que se relacionam de algum modo com as espécies". E o grande naturalista descreve sua documentação rigorosa: "Li montanhas de livros de agricultura e horticultura, e nunca parei de reunir fatos. Enfim, raios de luz chegaram, e estou quase convencido (contrariamente à opinião que eu tinha no começo) de que as espécies não são imutáveis (parece que eu estou confessando um assassinato)." Estas últimas palavras mostram, deixando de lado o que a expressão citada deve ao humor inglês, que Darwin tinha a impressão — no contexto da época — de defender uma tese maldita...

Na mesma carta, encontra-se um trecho talvez excessivamente duro para o seu precursor francês: "Os céus me preservem dos tolos erros de Lamarck, de sua tendência à progressão e das adaptações devidas à vontade contínua dos animais, etc.; mas as conclusões às quais fui conduzido não diferem muito das suas, ainda que os agentes das modificações sejam inteiramente diferentes. Penso que encontrei (é aqui que está a minha presunção) a maneira muito simples, pela qual as espécies se adaptam perfeitamente a fins variados." Vemos nessas linhas que Darwin não renega, em Lamarck, o precursor do transformismo em geral, mas recusa o mecanismo de evolução concebido pelo biólogo francês, em lugar do qual propõe sua própria teoria evolucionista. Muito mais tarde, em 1856, Darwin comunica, com muitas precauções de estilo, seu evolucionismo a Asa Gray, botânico americano bem conhecido: "Cheguei à conclusão heterodoxa de que não existe nada semelhante a espécies criadas de modo independente, e que as espécies são apenas variedades fortemente definidas. Sei que isso me valerá o seu desprezo." Com efeito, para a maioria dos cientistas da época, tais idéias podiam ser consideradas como fantasias despropositadas para um homem de ciência digno desse nome.

A hostilidade, já prevista, do fixismo, então predominante, não detém Darwin, muito ao contrário; para observar ao vivo a variabilidade, torna-se ele criador de pombos de numerosas raças, que cruza entre si, para suas observações; às vezes, apesar de sua repugnância, opera dissecções nestes e em outros pássaros e mamíferos, como coelhos, buldogues; estuda os costumes das formigas escravagistas e das abelhas...; enfim, interroga a experiência científica de seus amigos... Lyell, Hooker, Fox, Asa Gray... Seu trabalho sobre *A Origem das espécies* progride... mas muito lentamente. Lyell, que acompanha atentamente a elaboração dessa obra, lhe aconselha em 1856 — para evitar que ele seja ultrapassado por um outro pesquisador — a publicação de um esboço preliminar de sua nova concepção evolucionista, à espera do livro monumental que Darwin prepara há muito tempo. Hooker concorda com isso. Darwin decide, finalmente, apresentar um resumo de sua grande obra futura, resumo que teria as proporções de um livro contendo sua tese e o essencial da argumentação que a suporta. Darwin considera, em 1857, que ainda tem dois anos de trabalho para terminar o seu resumo... em junho de 1858, a metade do livro já está elaborada... quando sobrevém o trabalho de Wallace, de que já falamos.

Seus amigos Lyell e Hooker, que Darwin escolhe como juízes para essa circunstância, decidem apresentar o estudo de Wallace à Sociedade Lineense de Londres ao mesmo tempo que o essencial do *Esboço* elaborado por Darwin em 1844, já lido por Hooker na época, e acompanhado de uma carta dirigida pelo naturalista de Down, a 5 de setembro de 1857, ao americano Asa Gray, que expõe sua concepção evolucionista. Darwin se declara "mais que satisfeito" com essa solução, mas experimenta uma certa inquietação, antes de ter uma resposta generosa de Wallace, em janeiro de 1859, que aprova as decisões de Lyell e Hooker, e considera uma honra que suas idéias se tenham encontrado, fortuitamente, com as do grande naturalista.

No dia 1º de julho de 1858, que marcou a história das ciências, ocorreu a apresentação conjunta dos textos de Darwin e Wallace, na Sociedade Lineense, precedidos de uma carta explicativa de Lyell e Hooker, que chamam a atenção do auditório para o alcance da teoria, de uma importância fora do comum. Wallace teve a elegância e a probidade de reconhecer a prioridade de Darwin, e, tendo falecido muito tempo depois de seu grande êmulo, não mudou de atitude durante esse longo período, quando o colega não estava mais presente para defender a sua obra. Após a leitura de *A Origem das espécies,* Wallace escreve a seu amigo Bates estas linhas, de excepcional magnanimidade: "Penso honestamente que, por mais paciência que eu tivesse tido ao trabalhar e pesquisar o assunto, nunca eu me teria aproximado da perfeição desse livro, de sua vasta quantidade de provas, de sua argumentação poderosa, de seu tom admirável e de seu espírito. Sinto-me feliz por não ter tido a incumbência de dar ao mundo essa teoria. O sr. Darwin criou uma nova ciência e uma nova filosofia, e creio que nunca se viu semelhante exemplo de um novo ramo do conhecimento humano que fosse tão devedor aos trabalhos e às pesquisas de uma só pessoa. Nunca se reuniu, em um sistema, tão importantes massas de fatos, até então dispersos, de modo a estabelecer uma tão grande filosofia, tão simples e tão nova". Essas linhas representam, certamente, a melhor homenagem prestada a Darwin e ao darwinismo.

capítulo III

DARWIN E A EVOLUÇÃO DAS ESPÉCIES

Depois da dupla apresentação dos estudos de Darwin e Wallace à Sociedade Lineense, o primeiro projeta extrair uma curta monografia de sua obra em andamento; a 24 de dezembro de 1858, já tinha escrito as primeiras 330 páginas, e, em março de 1859, termina, não sem um profundo alívio, as 500 páginas de seu livro fundamental. Com muita meticulosidade, Darwin corrige as provas desse texto difícil, dizendo em uma carta a seu amigo Hooker: "Nenhum escravo, sob a ameaça do chicote, trabalhou mais duramente que eu, para obter essa clareza." Enfim, a 1º de outubro, termina a correção do texto, que, pelos cuidados do editor John Murray, estaria nas livrarias a 24 de outubro de 1859, sob o título agora famoso de *A Origem das espécies*, proposto pelo editor, para substituir o outro, mais humilde, escolhido inicialmente por Darwin, *Resumo de um ensaio sobre a origem das espécies*.

1. **Um evolucionismo global.** *A Origem das espécies* representa uma verdadeira revolução científica de primeira ordem, tanto pelas numerosas provas do evolucionismo reunidas por Darwin, quanto pelo mecanismo proposto para

explicar a diversidade e as transformações sucessivas dos seres vivos. Mas as ressonâncias de uma tal obra vão além dos limites das ciências biológicas, para interessar a filosofia, a ciência política e a totalidade das ciências humanas. Alguns contemporâneos, como Haeckel, observaram, não sem razão, que um tal livro abre um novo "período filosófico". Além disso, essa teoria conduz às pesquisas mais variadas, em zoologia comparada, botânica, anatomia comparada, antropologia... e mais tarde na genética, principalmente a das populações.

O modelo evolucionista de Darwin é essencialmente probabilista, tendo como núcleo o mecanismo seletivo das variações aleatórias, mas outros mecanismos subsidiários, principalmente no processo de variabilidade — que não repousavam sobre uma base científica, como a da genética, no tempo em que foram esboçados — vêm acrescentar-se à seleção natural. Assim, Darwin considera que o meio pode produzir ou induzir certas variações hereditárias, aceitando, pois, "a hereditariedade do adquirido", mesmo se ele está muito longe de lhe atribuir o lugar primordial que lhe cabe no sistema de Lamarck.

As provas a favor da evolução global são muito mais sérias do que as alegadas por Lamarck. Essa documentação excepcional, além do mérito pessoal do sábio inglês, explica-se muito bem pelos cinqüenta anos de desenvolvimento científico que separam *A filosofia zoológica* (1809) de *A Origem das espécies* (1859). Essas provas são colhidas nos terrenos mais variados: bio-geografia, paleontologia, anatomia e fisiologia comparada, morfologia, embriologia... Os argumentos deste último terreno merecem toda a atenção de Darwin: "Como todos os seres organizados, extintos e recentes, que viveram podem se agrupar sob um pequeno número de grandes classes, e como em cada uma delas, todos, segundo nossa teoria, foram ligados entre si por uma série de finas gradações, o melhor arranjo, e o único possível, que se possa fazer delas, se nossas coleções fossem completas, seria genealógico: a descendência sendo o elo de conexão oculto, que os naturalistas procuraram, sob o nome de Sistema Natural. Podemos, com essas considerações, compreender por que, aos olhos da maioria dos observadores, a conformação do embrião é até mais importante, para a classificação, que a do adulto." Efetivamente, Darwin mostra, não sem razão, que "quando dois ou vários grupos de animais, por mais diferentes que eles possam ser por sua conformação ou seus hábitos, passam por fases embrionárias muito semelhantes, descendem de uma cepa comum, e estão, conseqüentemente, unidos entre si por um laço de parentesco. Conformação embrionária comum revela pois origem comum; mas a dessemelhança no desenvolvimento embrionário não prova o contrário; pois, num grupo, é possível que algumas fases do desenvolvimento tenham sido suprimidas, ou modificadas, por adaptação a novas condições de existência, a ponto de não serem mais reconhecíveis".

A existência dos órgãos rudimentares, atrofiados, levantam um problema difícil para a explicação darwiniana clássica, anterior à teoria das mutações. Aliás, Darwin recusa a idéia das mudanças bruscas de grande amplitude na evolução das espécies: "Encontramos freqüentemente nos monstros diversas partes rudimentares. Duvido que algum caso desses possa jogar alguma luz sobre a origem dos órgãos rudimentares no estado natural, a não ser mostrando que eles podem acontecer; pois é pouco provável que as espécies naturais sofram mudanças bruscas." Voltaremos mais tarde a essa recusa de Darwin a atribuir ao que se chama hoje macromutações um papel na transformação das espécies.

Darwin dá, finalmente, uma explicação, bem próxima de Lamarck, da existência dos órgãos rudimentares: "Creio que o agente principal foi a falta de uso, que determinou nas gerações sucessivas uma redução gradual de certos órgãos, até que estes se tornaram rudimentares, como no caso dos animais que vivem em cavernas escuras, e como as asas dos pássaros que habitam nas ilhas oceânicas, que, raramente forçados a se lançarem nos ares, para escapar aos animais ferozes, acabaram perdendo a faculdade do vôo." Apesar dessa introdução dos fatores lamarcknianos, como a "falta de uso", Darwin não renuncia a uma explicação selecionista, sempre possível: "Um órgão, útil em certas condições, pode tornar-se nocivo em outras, como as asas dos coleópteros que vivem em pequenas ilhas castigadas pelos ventos; nesse caso, a seleção natural continuaria a reduzir lentamente esses órgãos, até que eles se tornassem rudimentares e inofensivos para a espécie."

Essa asserção, perfeitamente de acordo com o darwinismo clássico, foi verificada, por exemplo, pelo geneticista francês Philippe L'Héritier e seus colaboradores na época, por volta de 1936, numa população de drosófilas. Essas moscas-do-vinagre foram criadas no telhado do laboratório de biologia marinha de Roscoff, e constatou-se que uma seleção natural muito rigorosa fez com que em dois meses os indivíduos ápteros conseguissem aumentar seu número de 12% para 65%, pois os insetos alados eram jogados no mar pelos ventos. Em contrapartida, nas criações abrigadas do vento marinho, as drosófilas sem asas desapareciam, o que não acontecia com os insetos alados, que são, geralmente, mais vigorosos. Confirmando desse modo as observações de Darwin, os pesquisadores franceses provaram que a seleção natural nem sempre favorece o mais "apto", mas o mais adaptado ao seu ambiente. Assim, o apterismo das drosófilas, que é um defeito nocivo em condições normais, é mantido pela seleção natural como um defeito útil nos ambientes expostos ao vento marinho.

2. A seleção natural. Já dissemos que Darwin e Wallace, independentemente um do outro, constataram o papel essencial da seleção natural na evolução das espécies. Agora, para apresentar essa noção fundamental, deixemos a palavra ao próprio Darwin: "Assim, quando vemos que variações úteis ao homem ocorreram, incontestavelmente, seria tão improvável que outras variações proveitosas, sob qualquer aspecto, para os seres organizados, em seu grande e incessante combate pela vida, tenham às vezes surgido, no decorrer de milhares de gerações? Se semelhantes variações são possíveis — lembrando-nos de que o número de indivíduos que nascem é infinitamente maior do que o número dos que sobrevivem — deveríamos duvidar de que aqueles que têm alguma vantagem, por pequena que seja, sobre outros, não tenham mais chances de viver e propagar seu tipo? Por outro lado, qualquer variação nociva, por sua natureza, em qualquer grau, é necessariamente condenada e rigorosamente destruída. É a essa conservação de variações favoráveis e à destruição das que são nocivas que apliquei o nome de seleção natural ou de sobrevivência do mais apto."[1] Darwin justifica a existência das espécies polimorfas, e, até certo ponto, prefigura certas asserções da hipótese neutralista de Kimura, de que falaremos em outro capítulo, quando escreve estas linhas características da sua concepção: "Como as variações indiferentes, nem úteis nem nocivas, não são afetadas pela seleção, podem elas permanecer em estado flutuante, como é talvez o caso das espécies polimorfas, ou

---

1 Charles Darwin, *L'origine des espèces,* Ed. Marabout Université, 1973, p. 92.

tornar-se posteriormente fixas, de acordo com a natureza do organismo e as condições ambientes."

A seleção natural é gerada pela "luta pela existência", mas Darwin logo adverte que emprega essa expressão "no sentido metafórico mais amplo, compreendendo, sejam as relações de dependência que existem entre um ser e outro, seja, o que é mais importante, não apenas a vida do indivíduo, mas também o êxito de sua descendência. Dois animais carnívoros, em tempo de penúria, estão realmente em luta recíproca, para decidir qual deles obterá o alimento que o fará viver. Mas uma planta situada às margens de um deserto luta pela vida contra a seca, ainda que fosse mais exato dizer que sua existência depende da umidade."

A luta pela existência, compreendida no sentido metafórico do termo, produz relações muito intrincadas entre as diferentes espécies na economia natural. Assim, Darwin constata que, na Inglaterra, a presença das mamangabas é indispensável à fecundação do trevo vermelho, pois só elas são capazes de perfurar a corola da flor, quando procuram o néctar. Mas o número desses insetos varia em função do número de ratazanas, que destróem seus ninhos. Enfim, o número da população das ratazanas depende do número de gatos. Assim, é perfeitamente possível, observa Darwin, que a abundância do elemento felino em um local qualquer determine, através das ratazanas e das mamangabas, a freqüência de certas plantas. Essas relações ecológicas complexas entre as espécies levam a uma seleção natural que, certamente, pode explicar as "coadaptações" às vezes muito complicadas...

A seleção natural é responsável, segundo Darwin, pela divergência dos caracteres, partindo de um ancestral comum, e também pela extinção de certas cepas. A divergência dos caracteres é uma aquisição positiva na luta pela existência: "Um conjunto de animais que tivesse apenas uma organização pouco diferente não poderia sustentar a concorrência com um conjunto que apresentasse uma conformação mais variada." Assim, continua o evolucionista inglês, pode-se duvidar, por exemplo, de "que os marsupiais australianos, que são repartidos em grupos pouco diferentes uns dos outros e representam vagamente... nossos mamíferos, carnívoros, ruminantes e roedores, possam um dia lutar com sucesso contra essas ordens tão fortemente caracterizadas. Os mamíferos australianos nos apresentam, em estado de desenvolvimento primitivo e incompleto, os primeiros passos da marcha para a diversificação." A ação da seleção natural pode explicar, segundo Darwin — fora de qualquer finalismo e de qualquer "tendência inata e inevitável para a perfeição dos seres organizados", postulada por Lamarck — o processo de progresso gradual: "A seleção natural age exclusivamente pela conservação e o acúmulo das variações que são vantajosas para cada ser, nas condições orgânicas e inorgânicas às quais ele pode estar exposto em cada período sucessivo de sua vida, e tem como resultado final um melhoramento sempre crescente do ser, relativamente a essas condições. Esse melhoramento conduz inevitavelmente a um progresso gradual da organização da maioria dos seres vivos na superfície do globo." Darwin reconhece a dificuldade que se tem ao definir o progresso da organização: "Abordamos aqui um assunto muito delicado, pois os naturalistas ainda não definiram de maneira satisfatória para todos aquilo que se deve entender por uma organização avançada. Para todos os vertebrados, trata-se, evidentemente, de um desenvolvimento intelectual e de uma conformação próximos daquilo que eles são do homem."

Darwin está perfeitamente consciente do papel do fator tempo na ação da seleção natural, cuja eficácia é enfatizada pelo grande naturalista: "Por mais lenta que seja a marcha da seleção, já que o homem pode, com seus fracos meios, fazer muito por seleção artificial, não vejo nenhum limite para a extensão das mudanças, para a beleza e para a infinita complicação das coadaptações entre todos os seres organizados, tanto uns com os outros, quanto com as condições físicas nas quais eles se encontram, mudanças que podem, no decorrer do tempo, ser efetuadas pela seleção natural, ou a sobrevivência dos mais aptos." O papel predominante da seleção natural na concepção de Darwin é, por ele mesmo, com clareza, posto em evidência. Voltemos agora a alguns mecanismos relativos à seleção.

3. **O combate intra e interespecífico.** Esse combate no interior de uma espécie — entre os indivíduos que a compõem — como entre as diferentes espécies biológicas em um *habitat* dado, representa a base biológica da seleção natural. Darwin assinala que a luta pela existência é mais severa entre os indivíduos e as variedades da mesma espécie: "Mas a luta será sempre mais dura entre os indivíduos da mesma espécie que ocupam o mesmo local, exigem o mesmo alimento e estão expostos aos mesmos perigos. A luta será quase tão severa entre variedades de uma mesma espécie, e vemos que algumas vezes o conflito é prontamente decidido. Assim, se semearmos juntas diversas variedades de trigo candial, e se depois semearmos novamente os seus grãos misturados, as variedades às quais o solo e o clima serão mais convenientes, ou que são, por natureza, mais férteis, prevalecerão contra as outras e, fornecendo assim mais grãos, não tardarão em suplantá-las completamente. Para conseguir conservar uma coleção de variedades muito vizinhas, como aquelas, por exemplo, tão diversamente coloridas, da ervilha-de-cheiro, é preciso, a cada ano, colhê-las separadamente, depois misturar suas sementes nas proporções desejadas, pois,

de outro modo, as variedades mais fracas diminuem prontamente e desaparecem." Para provar que a concorrência recíproca será muito mais rigorosa entre as espécies de um mesmo gênero que entre as espécies de gêneros diferentes, Darwin cita vários exemplos: uma espécie de andorinha que suplanta outra nos Estados Unidos, espécies de ratos que substituem outros, a pequena barata asiática substituindo uma congênere maior na Rússia, enfim, na Austrália, a abelha normal exterminando a pequena abelha autóctone, esta desprovida de ferrão...

Alguns críticos, entre os quais Marx, para não falar de Lyssenko, o biólogo favorito de Stalin, acusaram Darwin de situar o combate intra-específico na base do mecanismo da seleção, e, conseqüentemente, na base da evolução. Falaremos em outro capítulo sobre esses ataques tendenciosos, mas, antes, devemos precisar que o combate intra-específico, na concepção de Darwin, não leva, de modo algum, à destruição da espécie, mas, ao contrário, a um grupo formado pelos indivíduos mais aptos a sobreviver, conseqüentemente mais bem adaptados às suas condições de existência. No que se refere ao combate inter-específico, pode ele conduzir à eliminação de certas espécies ou variedades por outras mais bem armadas, mas, em muitos casos, esse tipo de luta pela existência pode produzir um reforço recíproco das espécies em concorrência, pela sobrevivência dos indivíduos mais resistentes. A luta pela existência — inter ou intra-específica — explica as coadaptações muito diversas que existem na natureza: "A conformação de todo ser organizado está, de modo freqüentemente oculto, mas essencial, em relação com a conformação de todos os outros seres, com os quais ele pode estar em conflito por causa do alimento ou do espaço; e com a conformação daqueles dos quais ele tem que fugir, ou dos quais faz sua presa." Essa asserção é ilustrada pela conformação das garras ou das presas do tigre e a das patas e dentes do parasito que se agarra aos pêlos de seu corpo. Não se limitando ao mundo animal, tais adaptações específicas se encontram, também, no reino vegetal: assim, as sementes providas de um feixe de pêlos podem ser transportadas a distância e cair num terreno não ocupado por outras espécies; até a reserva de alimento que se acumula nas sementes de vegetais favorece, por exemplo, espécies muito ricas em tais acúmulos, como, por exemplo, as ervilhas e as favas, quando se encontram disseminadas entre as plantas selvagens, e Darwin observa: "Pode-se suspeitar de que uma das utilizações principais dessa provisão de alimento concentrada na semente seja a de favorecer o crescimento do jovem vegetal, enquanto este luta contra as outras plantas vigorosas que o cercam."

Recapitulando sua concepção da luta pela existência, Darwin conclui com uma nota otimista: "Devemos ter sempre em mente que todo ser organizado tende a aumentar, segundo uma razão geométrica; que, em todos os períodos de sua vida, em todas as estações do ano, em cada geração ou por intervalos, ele tem que lutar pela sua vida e enfrentar possibilidades de destruição. Refletindo sobre essa luta, podemos encontrar consolo na crença de que a guerra da natureza não é incessante, não inspira temores, a morte é geralmente rápida, e os seres sãos, vigorosos e favorecidos sobrevivem e se multiplicam."

4. A seleção sexual. Esse tipo de seleção é ainda considerado com reserva no mundo científico; não se trata de uma luta pela existência, no sentido estrito da palavra, mas de um combate pelo prolongamento da existência individual na descendência: "Esta não depende de uma luta pela existência, mas de uma luta entre os machos que disputam a posse das fêmeas, e que, sem ser mortal para os concorrentes infelizes, tem, ao menos, como re-

sultado, o fato de que estes só deixam poucos, ou não deixam, descendentes."

Os machos diferem das fêmeas de sua espécie, evidentemente, pelos caracteres sexuais primários, constituídos por seus órgãos de reprodução, mas também por caracteres sexuais secundários, como, por exemplo, a cauda do pavão ou os esporões do galo... A seleção sexual é responsável, segundo Darwin, por esses atributos, que servem para combater e repelir os rivais, impedindo-os assim de fecundar as fêmeas, enquanto os ornamentos, as cores, os odores... têm a função de atraí-las. O cientista inglês considera que se deve atribuir tais caracteres à ação da seleção sexual e não à seleção ordinária, pois machos desprovidos de tais atributos secundários poderiam afrontar a luta pela existência e engendrar uma numerosa descendência, se não encontrassem machos mais bem dotados em armas ou em atrativos; a prova disso é que as fêmeas, que não possuem tais meios suplementares, podem muito bem sobreviver e reproduzir a espécie. Darwin estabelece uma analogia entre a seleção sexual e a artificial: "Do mesmo modo que o homem pode melhorar a raça de seus galos de briga pela seleção daqueles pássaros que são vitoriosos na arena, assim também os machos mais fortes e mais vigorosos, ou mais bem armados, prevaleceram, no estado natural, o que teve como resultado o melhoramento da raça natural ou da espécie."

A respeito da seleção sexual, acusou-se Darwin de "antropomorfizar" o eventual gosto e o senso estético dos animais... De qualquer modo, o naturalista escreveu: "... parece que, em estado natural, os pássaros fêmeas, escolhendo sempre os machos mais atraentes, desenvolveram a beleza ou as outras qualidades destes últimos. Isto implica, talvez, por parte da fêmea, um discernimento e um gosto que estaríamos propensos a recusar-lhe; mas espero demonstrar mais tarde, com um grande número de fatos, que as fêmeas possuem essa aptidão. Convém acrescentar que, atribuindo aos animais inferiores o sentido do belo, certamente não supomos que esse sentido seja comparável ao do homem civilizado, dotado de idéias múltiplas e complexas; seria pois mais exato comparar o sentido para o belo que possuem os animais àquele que possuem os selvagens, que admiram os objetos brilhantes ou curiosos e gostam de se enfeitar com eles."[2]

Darwin fornece numerosos exemplos para ilustrar a seleção sexual, passando em revista as classes inferiores do reino animal, subindo até os insetos, os peixes, os anfíbios e os répteis, e assinalando o caso dos pássaros e dos mamíferos. Mostra ele que muitos pássaros executam danças nupciais, entre os quais os pavões e o faisão (e, no galinheiro, o peru) oferecem os exemplos mais evidentes. Quanto aos mamíferos, muitos casos são citados, entre os quais o do cervo, que apresenta uma particularidade: as ramificações, às vezes enormes, de sua galhada, não fazem ferimentos tão graves quanto uma forte ponta única... Além disso, a galhada do cervo, que só imperfeitamente cumpre uma função de defesa, pode se enredar de modo perigoso para o animal... o que leva Darwin a pensar que ela podia servir de ornamento, ao menos em parte. Enfim, as aspas elegantes, em forma de lira, de certos antílopes, são um ornamento, escreve Darwin, até para os olhos humanos... "Assim, se as aspas, como os soberbos adereços dos cavaleiros de outrora, acentuam a nobre aparência dos cervos e dos antílopes, foram elas talvez parcialmente modificadas com finalidade de ornamentação, continuando a ser armas de combate; não tenho nenhuma prova para apoiar essa suposição." Darwin não limita suas considerações sobre a seleção sexual apenas

---

2 Charles Darwin, *La descendance de l'homme et la sélection sexuelle,* Ed. Complexe, 1981, t. 1, p. 231.

às outras espécies animais, mas fala também da espécie humana. O dimorfismo sexual não é unicamente físico, mas também psicológico, segundo o naturalista inglês: "O homem é mais corajoso, mais belicoso e mais enérgico que a mulher, e tem o gênio mais inventivo. O cérebro do homem é, falando de modo absoluto, maior que o da mulher; mas é ele maior, relativamente às dimensões mais consideráveis de seu corpo? Esse é um ponto sobre o qual não se tem, acredito, dados muito seguros." Sem levar em conta, certamente, os fatores sociais que pesaram no desenvolvimento histórico e cultural da mulher, Darwin não teme afirmar: "O que estabelece a distinção principal na potência intelectual dos dois sexos, é que o homem atinge, em tudo o que empreende, um ponto ao qual a mulher não pode chegar, qualquer que seja, aliás, a natureza do empreendimento, quer ele exija um pensamento profundo, a razão, a imaginação, ou simplesmente o uso dos sentidos e das mãos. Estabeleçam-se duas listas, dos homens e das mulheres que mais se distinguiram na poesia, na pintura, na escultura, na música, incluindo a composição e a execução, na história, na ciência e na filosofia: as duas listas, de uma meia-dúzia de nomes, para cada arte ou ciência, não suportarão a comparação." Um pouco depois, o biólogo considera que tais faculdades "se desenvolveram no homem, em parte pela ação da seleção sexual, isto é, pela concorrência com machos rivais, e em parte pela ação da seleção natural, isto é, o êxito na luta geral pela existência".[3]

Darwin fala até da influência da beleza nos casamentos, como critério de seleção sexual, mas se dá conta da relatividade dessa noção e da variedade dos gostos humanos, incompatíveis com um estereótipo ideal: "Uma beleza

---

3 Charles Darwin, *La descendance de l'homme et la sélection sexuelle*, Ed. Complexe, 1981, t. 2, p. 617.

perfeita, implicando modificações particulares de um grande número de caracteres, será, pois, em toda raça, um prodígio, como disse, há muito tempo, o grande anatomista Bichat; se todos os seres fossem moldados na mesma fôrma, a beleza não existiria mais. Se todas as nossas mulheres se tornassem tão belas quanto a Vênus de Médici, ficaríamos seduzidos durante algum tempo, mas logo desejaríamos variedade, e, logo que esta se realizasse, quereríamos ver certos caracteres exagerarem-se um pouco além do tipo comum."

Discutível — como tudo o que vem dessa verdade relativa e provisória que é a de toda ciência e conhecimento humanos — a noção de seleção sexual permitiu, todavia, a Darwin explicar certos fenômenos ligados ao dimorfismo sexual no mundo vivo, do qual a espécie humana não pode, de modo algum, excluir-se.

5. **A ascendência do homem.** Se, em seu livro fundamental, *A Origem das espécies*, Darwin não trata da evolução do homem, iria apresentar esse processo principalmente na obra sobre *A Descendência do homem e a seleção sexual*. O naturalista constata que a embriologia humana, lembrando a das outras espécies biológicas, assim como as analogias que o homem apresenta com os outros animais, e também os rudimentos que ele deles conserva e as reversões em direção a formas ancestrais, permitiria reconstituir o estágio primitivo de nossa espécie: "Sabemos assim que o homem descende de um mamífero peludo, provido de cauda e de orelhas pontudas, que vivia, provavelmente, sobre as árvores e habitava o Velho Mundo. Um naturalista que examinasse a conformação desse ser o teria classificado entre os quadrúmanos, tão seguramente quanto o ancestral comum e ainda mais antigo dos macacos do Velho e do Novo Mundo." Estando assim claramente afirmada a origem animal do homem, Darwin

detém-se em certos mecanismos do processo da hominização, seguindo, em toda a escala animal, a evolução de certos caracteres. Quanto aos caracteres psicológicos, "não se pode duvidar de que existe uma imensa diferença entre a inteligência do homem mais selvagem e a do animal mais elevado"; mas, um pouco depois, o biólogo matiza essa afirmação prévia: "Entretanto, por mais considerável que ela seja, a diferença entre o espírito do homem e o dos animais mais elevados é, certamente, apenas de grau e não de espécie. Vimos que sentimentos, intuições, emoções e faculdades diversas, tais como a amizade, a memória, a atenção, a curiosidade, a imitação, a razão, etc., dos quais o homem se orgulha, podem ser observados em estado nascente, ou mesmo, às vezes, em estado bastante desenvolvido, entre os animais inferiores. Além disso, eles são suscetíveis de alguns melhoramentos hereditários, como prova a comparação do cão doméstico com o lobo ou o chacal."

O desenvolvimento gradual das diversas faculdades morais e mentais do homem é possível, afirma Darwin, "já que, todos os dias, contemplamos o desenvolvimento dessas faculdades na criança; já que, enfim, podemos estabelecer uma gradação perfeita entre o estado mental do mais completo idiota, que é bem inferior ao animal, e as faculdades intelectuais de um Newton".

Quanto à origem das faculdades sociais e morais, "os homens primitivos, ou nossos ancestrais símio-humanos, só puderam tornar-se sociáveis depois de terem adquirido os sentimentos instintivos que impelem certos animais a viver em sociedade; possuíam eles, sem nenhuma dúvida, essas mesmas disposições gerais". Essas palavras, que não seriam desmentidas por um sociobiólogo de hoje, mostram que Darwin procurava no biológico a raiz das faculdades características do espírito humano.

O desenvolvimento das qualidades superiores, da benevolência e do altruísmo é considerado, também, pelo naturalista inglês, a partir de uma base seletiva e hereditária: "Ainda que as circunstâncias que tendem a levar a um aumento constante dos homens eminentemente dotados em uma mesma tribo sejam demasiado complexos para que as estudemos aqui, podemos, entretanto, indicar algumas das fases provavelmente percorridas. Primeiramente, à medida que aumentam a razão e a previdência dos membros da tribo, cada um logo aprende por experiência que, se ajudar seus semelhantes, estes o ajudarão por sua vez. Esse motivo pouco elevado já poderia ensinar ao indivíduo o hábito de ajudar os seus semelhantes. Ora, a prática habitual de atos benevolentes fortifica certamente o sentimento da simpatia, que imprime o primeiro impulso à boa ação. Além do mais, os hábitos observados durante muitas gerações tendem provavelmente a tornar-se hereditários." Exceto a última proposição, que afirma a existência eventual da "hereditariedade do adquirido" — hipótese desaparecida do campo real da ciência de hoje —, o resto do encadeamento do pensamento de Darwin faz de sua obra uma fonte onde se abastece diretamente a sociobiologia atual.

Para dar uma idéia mais completa de sua concepção, deixemos, ainda uma vez, a palavra ao célebre naturalista, para que ele apresente a vantagem seletiva das qualidades morais: "Certamente, um grau muito elevado de moralidade proporciona a cada indivíduo e a seus descendentes somente pouca ou nenhuma vantagem sobre os outros membros da mesma tribo, mas também é verdade que o progresso do nível médio da moralidade e o aumento do número dos indivíduos bem dotados sob esse aspecto proporcionam certamente a uma tribo uma vantagem imensa sobre uma outra tribo. Se uma tribo tem muitos membros que possuem em alto grau o espírito de patriotismo, de fidelidade, de obediência, de coragem e de simpatia, e que estão sempre prontos, conseqüentemente, a ajudar-se e a sacrificar-se pelo bem comum, deve essa tribo, evidentemente, prevalecer sobre a maioria das outras; ora, é isso que constitui a seleção natural. Em todos os tempos e no mundo inteiro, certas tribos suplantaram outra; ora, como a moral é um dos elementos de seu sucesso, o número dos homens entre os quais o nível moral se eleva, tende, por toda a parte, a aumentar." Se não podemos aprovar cada uma das palavras precedentes, o conjunto delas não é menos esclarecedor para o pensamento geral de Darwin.

6. As raças humanas. Que Darwin não tinha preconceitos racistas, pudemos constatá-lo quando da antiga querela, durante a viagem no Beagle, com Fitz Roy, que, este, justificava a escravatura. Apesar dessa observação prévia, podemos distinguir na concepção do naturalista inglês uma hierarquização das raças, que devia culminar com a do país de Shakespeare e de Newton.

Darwin, tentado por um momento a considerar as raças como subespécies, resigna-se finalmente à apelação tradicional: "O homem elevou-se, pois, a seu estado atual, pelos meios que acabamos de indicar, e por outros, talvez, que ainda resta descobrir. Mas, depois que atingiu a posição de ser humano, dividiu-se em raças distintas, às quais seria melhor aplicar o termo de subespécies. Algumas destas, o negro e o europeu, por exemplo, são bastante distintas para que, postas sem outras informações sob os olhos de um naturalista, este deva considerá-las como legítimas e verdadeiras espécies. Entretanto, todas as raças se assemelham, por tantos detalhes de conformação e por tantas particularidades mentais, que só se pode explicá-las como provenientes por hereditariedade de um ancestral comum; ora, esse ancestral, dotado desses caracteres, merecia provavelmente a qualificação de homem."

Para provar que não há uma barreira intransponível entre o homem e o animal, Darwin compara este último com o "selvagem", representado desta vez pela mulher aborígene da Austrália: "Pode-se, evidentemente, admitir que nenhum animal possui a consciência de si mesmo, se entendemos com isso que ele se pergunta de onde vem e para onde vai, que reflete sobre a morte ou sobre a vida, e assim por diante. Mas, poderíamos estar certos de que um velho cão, tendo uma excelente memória e alguma imaginação, como provam seus sonhos, nunca pense em seus antigos prazeres de caça ou nos infortúnios que experimentou? Isso seria uma forma de consciência de si. Por outro lado, como observa Büchner, como poderia a mulher australiana, sobrecarregada de trabalho, que quase não usa palavras abstratas e só conta até quatro, exercer sua consciência ou refletir sobre a natureza de sua própría existência?" Mesmo reconhecendo a relatividade do "belo", segundo as diferentes raças, compara as faculdades estéticas das raças "selvagens" com a dos animais: "O sentimento do belo, ao menos no que se refere à beleza da mulher, não é absoluto no espírito humano, pois difere muito nas diversas raças, e nem mesmo é idêntico em todas as nações pertencentes à mesma raça. A julgar pelos ornamentos hediondos e pela música não menos atroz que a maioria dos selvagens admira, poderíamos concluir que suas faculdades estéticas estão em um estado de desenvolvimento inferior ao que elas atigiram em certos animais, os pássaros, por exemplo."

Quanto ao fato de que a espécie humana pode adaptar-se às mais diversas condições de existência encontradas na superfície do globo terrestre, Darwin o considera verdadeiro apenas para as "raças civilizadas": "O homem em estado selvagem parece, nesse ponto, quase tão sensível quanto seus mais próximos vizinhos, os macacos antropóides, que nunca sobreviveram por muito tempo, quando exilados de sua terra natal." Essa afirmação deve, também, ser olhada com reserva, pois não se trata de uma faculdade específica de adaptação diferente do "civilizado" em relação ao "selvagem", mas da capacidade do primeiro de construir um meio ambiente propício à sua vida, até nas regiões mais despojadas da terra.

As diferenças raciais são sublinhadas por Darwin, não sem certos traços que podem parecer caricaturais em nossos dias: "A constituição das diversas raças, sua aptidão variável em aclimatar-se e sua predisposição para contrair certas doenças constituem ainda outros pontos de diferença. No domínio moral, as diversas raças apresentam caracteres também muito distintos; essas diferenças se notam principalmente quando se trata da emoção, mas elas também existem nas faculdades intelectuais. Quem faz observações desse gênero fica impressionado com o contraste que existe entre os indígenas taciturnos e sombrios da América do Sul e os negros alegres e tagarelas. Um contraste análogo existe entre os malásios e os papuas, que vivem nas mesmas condições físicas, e estão separados apenas por um estreito braço de mar." Apesar das alusões pejorativas para com as raças "selvagens", Darwin é levado a constatar: "... tanto quanto possamos julgar (ainda que nos enganemos facilmente sobre esse assunto), nenhuma das diferenças externas que distinguem as raças humanas prestam ao homem algum serviço direto ou especial. Devemos, evidentemente, excetuar dessa observação as faculdades intelectuais, morais e sociais. A grande variabilidade de todos os diferentes caracteres que passamos em revista indica também que esses caracteres não têm uma grande importância, pois, de outro modo, já estariam há muito tempo conservados e fixados, ou eliminados. Nesse aspecto, o homem assemelha-se àquelas formas que os naturalistas designaram sob o nome de proteiformes ou polimórficas, formas que permaneceram extremamente variáveis, o que parece ser devido, provavelmente, ao fato de que suas variações têm uma natureza insignificante, e, conseqüentemente, escaparam à ação da seleção natural". Essa concepção referente ao polimorfismo da espécie humana merece ser enfatizada por Darwin, que atribui à seleção sexual "as diferenças entre as raças humanas, relativas à cor, aos cabelos, à forma dos traços, etc.". É claro que a antropologia racial de Darwin envelheceu, mas as concepções do naturalista inglês não deixam de ter um grande interesse histórico.

7. **A descendência do homem.** Darwin considera o homem "civilizado" na perspectiva do futuro e à luz do passado. Constata ele que "a seleção natural só age de modo experimental. Certos indivíduos, certas raças adquiriram vantagens incontestáveis, e, entretanto, pereceram por não possuírem certos caracteres. A falta de coesão entre os seus numerosos pequenos Estados, a pequena extensão de seu país, a prática da escravatura ou sua excessiva sensualidade fizeram regredir os gregos..." Observando, sem poder explicá-lo, o despertar das nações européias, ao sair da Idade Média, Darwin se pergunta por que "a nação espanhola, tão preponderante outrora, foi ultrapassada na corrida" e acusa a "seleção" feita às avessas pela Inquisição, quando "... quase todos os homens excepcionais, todos aqueles que se dedicavam à cultura do espírito não tinham outro refúgio senão a Igreja, que, exigindo o celibato, exercia assim uma influência funesta sobre cada geração sucessiva. Durante esse mesmo período, a Inquisição procurava com um cuidado extremo, para aprisioná-los ou queimá-los, os homens mais independentes e mais ousados. Na Espanha, por exemplo, os homens que constituíam a elite da nação — os que duvidavam e interrogavam, pois sem dúvida não há progresso — foram

eliminados durante três séculos, à razão de um milhar por ano. A Igreja Católica causou assim um mal incalculável, ainda que esse mal tenha sido, certamente, contrabalançado, até certo ponto, e talvez até em grande parte, por certas vantagens. A Europa não deixou de progredir com uma rapidez incrível."

Para Darwin, a jóia da civilização européia é o mundo anglo-saxão: "A superioridade notável que tiveram, sobre outras nações européias, os ingleses, como colonizadores, superioridade atestada pela comparação dos progressos realizados pelos canadenses de origem inglesa com os de origem francesa foi atribuída à sua 'energia persistente e à sua audácia'; mas quem poderia dizer como os ingleses adquiriram essa energia? Certamente, há muita verdade na hipótese que atribui à seleção natural os maravilhosos progressos dos Estados Unidos, assim como o caráter de seu povo; os homens mais corajosos, mais enérgicos e mais empreendedores de todas as partes da Europa emigraram durante as dez ou doze últimas gerações, para irem povoar esse grande país e lá prosperaram."

Assim, Darwin volta à sua teoria da seleção natural, para explicar o progresso da humanidade e dos povos: "Se não tivesse sido submetido à seleção natural durante os tempos primitivos, o homem, certamente, nunca teria atingido a posição que ocupa hoje. Quando vemos, em muitas partes do mundo, regiões extremamente férteis, povoadas por alguns selvagens errantes, enquanto poderiam alimentar numerosas famílias prósperas, inclinamo-nos a pensar que a luta pela existência não foi suficientemente rude para forçar o homem a atingir seu estado mais elevado."

Falando da ação da seleção natural sobre as nações "civilizadas", Darwin fica muito próximo das idéias de Wallace e Galton, isto é, da eugenia: "Entre os selvagens, os indivíduos fracos de corpo ou de espírito são prontamente eliminados, e os sobreviventes são geralmente notáveis por seu vigoroso estado de saúde. Quanto a nós, homens civilizados, fazemos, ao contrário, todos os esforços para deter a marcha da eliminação; construímos hospitais para os idiotas, os inválidos e os doentes; fazemos leis para ajudar os indigentes; nossos médicos utilizam toda a sua ciência para prolongar, tanto quanto possível, a vida. Podemos crer que a vacina preservou milhares de indivíduos que, fracos de constituição, teriam outrora sucumbido à varíola. Os membros débeis das sociedades civilizadas podem, pois, reproduzir-se indefinidamente. Ora, quem trata de reprodução de animais domésticos sabe perfeitamente quanto essa perpetuação dos seres débeis deve ser nociva à raça humana".

Apesar desse temor pela descendência do homem, na ausência da seleção natural, Darwin, moderado por uma concepção humanista, não leva seu raciocínio até um eugenismo exacerbado, pois, diz ele, abandonando os fracos e os inválidos, "só poderíamos ter em vista uma vantagem eventual, às custas de um mal presente, considerável e certo. Devemos, pois, suportar sem nos queixarmos os efeitos incontestavelmente maus, que resultam da persistência e da propagação dos seres débeis. Parece, todavia, que existe um freio para essa propagação, pois os membros doentios da sociedade se casam menos facilmente que os membros sãos. Esse freio poderia ter uma eficácia real, se os fracos de corpo e de espírito se abstivessem do casamento; mas esse é um estado de coisas que é mais fácil desejar que realizar".[4]

Um obstáculo para uma descendência superior é também, segundo Darwin, o serviço militar: "Em todos os

---

4 Darwin, *La descendance de l'homme et la sélection sexuelle,* Ed. Complexe, 1981, t. 1, p. 145.

países onde existem exércitos permanentes, a conscrição atinge os mais belos jovens, que ficam expostos a morrer prematuramente em caso de guerra, deixam-se muitas vezes arrastar para o vício, e, de qualquer modo, não podem se casar cedo. Os homens pequenos, fracos, de constituição débil, ao contrário, permanecem em seu meio, e têm, conseqüentemente, muito mais ocasiões de se casar e deixar filhos."

Darwin sublinha o efeito desfavorável das heranças imerecidas sobre a descendência: "Em todos os países civilizados, o homem acumula riquezas e as transmite a seus filhos. Daí resulta que os ricos, independentemente de qualquer superioridade corporal ou mental, possuem grandes vantagens sobre as crianças pobres, no começo da luta pela existência." Todavia, mostra Darwin algumas linhas depois, "a transmissão da propriedade está longe de constituir um mal absoluto, pois, sem a acumulação dos capitais, as artes não poderiam progredir; ora, é principalmente pela ação das artes que as raças civilizadas estenderam e estendem hoje seu domínio por toda a parte, e chegam assim a suplantar as raças inferiores". Quanto à fortuna moderada e sua transmissão aos descendentes, esta não traz "nenhum prejuízo à marcha da seleção natural. Quando um homem pobre se torna moderadamente rico, seus filhos se consagram a ofícios e profissões em que a luta é ainda bastante viva para que os mais bem dotados, do ponto de vista do corpo e do espírito, tenham mais ocasiões de êxito." Mas Darwin volta ao ataque: "A fortuna, quando é considerável, tende certamente a transformar o homem num ocioso inútil, mas o número desses ociosos nunca é muito grande, pois, também ali a eliminação representa um certo papel. Com efeito, não vemos todos os dias ricos insensatos e pródigos dissiparem todos os seus bens?"

Outra barreira que impede uma seleção equitativa é

o "direito de primogenitura", que "é um mal mais imediato, embora tenha sido outrora muito vantajoso, pois teve como resultado a criação de uma classe dominante, e qualquer governo é melhor que a anarquia". Esse direito do primogênito faz com que "os filhos mais velhos, sejam eles fracos de corpo ou de espírito, se casem, geralmente; enquanto os caçulas, por superiores que sejam em todos os pontos de vista, não se casam tão facilmente". Darwin encontra nessa anomalia social alguns freios compensadores: "Os homens ricos por direito de primogenitura podem escolher, de geração em geração, as mulheres mais belas e mais encantadoras, e, em geral, essas mulheres são dotadas de boa constituição física e de espírito superior."

Poderíamos multiplicar ainda as citações para demonstrar a preocupação constante de Darwin com a descendência do homem "civilizado", mas tendo radiografado a ossatura de sua argumentação, voltaremos a esse problema em outro capítulo, referente ao darwinismo social, que poderia tomar como ponto de partida estas palavras de Darwin sobre a espécie humana: "A seleção lhe permitiria, entretanto, fazer algo favorável não apenas pela constituição física de seus filhos, mas também por suas qualidades intelectuais e morais." Vemos assim que Darwin considerava, às vezes com certo otimismo, a possibilidade de uma evolução futura do homem.

capítulo IV

DARWINISMO E NEODARWINISMO

Para os dogmáticos religiosos e para os dogmáticos de todo tipo, o darwinismo era inaceitável. O próprio Darwin reconhecera, antecipadamente, a possibilidade de certos ataques, quando escreveu: "Não ignoro que muitas pessoas rejeitarão, como altamente irreligiosas, as conclusões às quais chegamos nesta obra; mas aqueles que defenderem essa tese terão que demonstrar em quê é mais irreligioso explicar a origem do homem como espécie distinta, descendente de uma forma inferior, em virtude das leis da variação e da seleção natural, do que explicar pelas leis da reprodução comum a formação e o nascimento do indivíduo. O nascimento da espécie, como o do indivíduo, constitui, a título igual, parte dessa vasta seqüência de fenômenos, que nosso espírito se recusa a considerar como resultado de um acaso cego. A razão se revolta contra tal conclusão, acreditemos ou não que cada ligeira variação de conformação, que o encontro de cada casal, que a dispersão de cada semente, e os outros fenômenos análogos tenham todos sido decretados com alguma finalidade especial."[1] Não se limitando a constatar a origem animal do homem, Darwin é o precursor, se não o criador da psicologia comparada e da etologia, a ciência atual do comportamento, quando trata, em um livro que continua *A Origem das espécies* e *A descendência do homem,* da expressão das emoções no homem e no animal.: "Vimos que o estudo da teoria da expressão confirma, até certo ponto, a concepção segundo a qual o homem deriva de algum animal inferior, e apóia a hipótese da unidade específica ou subespecífica das diversas raças; aliás, acredito, tal confirmação nem seria tão necessária."[2]

1. **O combate em torno do darwinismo.** *A Origem das espécies* foi proibida, durante anos, na biblioteca do Trinity College, em Cambridge, fato que implica a reserva, se não a hostilidade de um certo mundo universitário; mas o clero anglicano vai mais longe com seus ataques obstinados. Assim, Wilberforce, bispo de Oxford, escreve, sobre Darwin, em 1860, na *Quarterly Review,* que se trata de um "personagem superficial", que tentaria defender arbitrariamente suposições infundadas, de maneira "completamente desonrosa para as ciências naturais". Além disso, indigna-se Wilberforce, desnaturando as idéias de Darwin, "seria verdadeiramente crível que variedades favorecidas de nabos tivessem tendência a se tornarem homens?" Enfim, um pastor qualquer escreve que tentou em vão achar no vocabulário inglês termos bastante vis para exprimir todo o seu desprezo por Darwin e os darwinistas... Darwin decidira-se a não responder a tais

1 Charles Darwin, *La descendance de l'homme et la sélection sexuelle,* Ed. Complexe, 1981, t. II, p. 671.

2 Charles Darwin, *L'expression des émotions chez l'homme et les animaux,* Ed. Complexe, 1981, p. 393-394.

ataques polêmicos, mas estes o aborrecem — é o mínimo que se pode dizer — pois "isso aflige as mulheres da família", e, principalmente, sua própria esposa... Mas seu amigo Thomas Huxley, que se tornara um grande darwinista, consegue pôr em seu lugar, numa sessão memorável da British Association, o bispo Wilberforce. Este, tomando a palavra, permitiu-se perguntar a Huxley se descendia do macaco por seu avô ou por sua avó. A réplica do darwinista foi direta. Disse-lhe sem rodeios que preferia descender de um macaco a descender de um indivíduo — subentenda-se o bispo — turbulento e incoerente, que gosta de complicar questões que desconhece inteiramente. Na agitação e no tumulto que se seguiram, uma boa senhora desmaiou...

Se o darwinismo tem detratores ferrenhos, não deixou de fazer adeptos fiéis, como Thomas Huxley, já citado, na Inglaterra, ou como o notável filósofo John Stuart Mill, que, em 1861, adere ao evolucionismo de Darwin. O *establishment* científico inglês, representado pela Royal Society, atribui, em 1864, a Darwin, a medalha de Copley, sua mais alta distinção... mas tomando a precaução de afirmar que a homenagem não se dirige à *Origem das espécies*... Apesar disso, o fato de atribuir esse prêmio ao autor de um livro incriminado por alguns implica o reconhecimento de um prestígio científico, que já se tornara indiscutível. Em outros países de cultura européia, o darwinismo encontra também discípulos de qualidade, como Asa Gray, nos Estados Unidos, e Ernst Haeckel, professor na Universidade de Iena, na Alemanha. Haeckel, que era um darwinista eclético, matizado de neolamarckismo, defende o biólogo inglês: "Certamente, a idéia fundamental do darwinismo, que consiste em afirmar que todas as diversas formas animais e vegetais descendem de um pequeno número de formas, essa idéia nada tem de novo; ela existe há muito tempo, e, no começo do século, o grande Lamarck, principalmente, a formulou com clareza. Só que Lamarck se limita, na realidade, a emitir simplesmente a hipótese de uma origem comum, sem insistir na demonstração das causas eficientes. Ora, é precisamente na demonstração dessas causas que está o enorme progresso realizado pela teoria darwiniana."

Na Itália, Darwin foi eleito membro estrangeiro da "Academia dei Lincei", em 1875, e seu discípulo Thomas Huxley obteria o mesmo título em 1878; em 1879, a Academia de Ciências de Turim concedeu um prêmio importante a Darwin, o que levou Giuseppe Montalenti a constatar: "É com um certo orgulho que os italianos se lembram desse reconhecimento oficial da obra darwiniana, reconhecimento que não se manifestou em todos os países: sabe-se que na França a candidatura de Darwin à seção de zoologia da Academia de Ciências foi recusada em 1872; só em 1878 Darwin foi admitido na seção de botânica."[3]

Com efeito, na França, *A Origem das espécies* foi mal acolhida. O fisiologista Flourens publica um panfleto incendiário para atacar com uma virulência incrível o darwinismo, cuja teoria sobre a evolução é qualificada por um certo Elie de Beaumont de "ciência musguenta". Uma ilustração evidente dessa acolhida desfavorável ao darwinismo na França é representada pelas atribulações da candidatura de Darwin à Academia de Ciências de Paris. Já em 1870, Milne-Edwards, transformista mas não darwinista, e Quatrefages, fixista, propõem a candidatura de Darwin à seção de zoologia, recusada por várias vezes até 1872, com argumentos fúteis de alguns acadêmicos, como Brogniart, por exemplo, que pensa que o darwinismo é apenas "um conto de fadas", enquanto Blanchard

---

[3] G. Montalenti, Comment a été accueillie en Italie la révolution darwinienne, in *De Darwin au darwinisme,* Ed. Vrin, 1983, p. 19.

afirma que Darwin não é um verdadeiro naturalista, não passa de um "amador"... Enfim, Darwin só é recebido na Academia de Ciências de Paris em 1878, e na seção de botânica, mais aberta, na época, que a de zoologia... não por causa, mas apesar da sua teoria sobre a origem das espécies. Efetivamente, Duchartre, relator da candidatura, escreveria: "Em suma, a Academia constata que, mesmo adotando uma atitude de completa reserva em relação a certas teorias do Sr. C. Darwin, que causaram, pode-se dizer, uma verdadeira revolução na ciência moderna, não se pode recusar a mais alta estima às observações tão numerosas quanto exatas, às experiências tão bem concebidas quanto tão atentamente executadas, com as quais ele enriqueceu a ciência." Até no elogio póstumo pronunciado por Quatrefages na Academia de Ciências, em 1882, encontra-se uma crítica ao evolucionismo do sábio inglês, comparado a um viajante perdido, que merece indulgência: "Mas esse viajante, embora perdido, pode descobrir, no meio do deserto, ricos oásis, cuja existência revelará. Tal foi o destino de Darwin."[4]

Em todos os países de cultura européia, a teoria de Darwin teve que vencer fortes oposições, principalmente de natureza teológica, ligadas ao dogma da fixidez das espécies. Mas, ao menos no mundo científico, ainda que a retaguarda tenha se agitado, por exemplo nos Estados Unidos, até em nossos dias, com relação ao ensino da suposta "ciência criacionista", e apesar dos obstáculos em todos os países, o darwinismo conseguiu impor-se, com a notável exceção da França. Por que o darwinismo se impôs como teoria evolucionista nas últimas décadas do século passado, no mundo científico desenvolvido... sal-

---

[4] Para mais detalhes, consultar: Denis Buican, L'accueil de Darwin à l'Académie des Sciences, *Revue de synthèse,* 3ª série, n.º 105, Paris, Ed. Albin Michel, 1982.

vo na França? Porque, na França, não é o darwinismo que se torna predominante, mas a variante neolamarckista do evolucionismo. Assim, o lamarckismo, vencido na época pelo fixismo de Cuvier, voltaria, sob formas diferentes, pela brecha aberta na cidadela fixista, graças ao darwinismo. Evidentemente, encontram-se neolamarckistas em outros países comparáveis: Cope e Packard nos Estados Unidos, Herbert Spencer na Inglaterra ou Semper e Eimer na Alemanha. Mas em lugar algum houve, como na França, uma persistência predominante do neolamarckismo tardio e hiper-tardio, até o fim da Segunda Guerra Mundial (1945), com seqüelas até hoje.[5] O neolamarckismo, que seguia de perto o aparecimento do darwinismo, não era *a priori* antidarwinista, se se considera que sua pedra angular, a hereditariedade do adquirido, era cada vez mais aceita por Darwin, durante sua vida; em contrapartida, o neolamarckismo tardio e hiper-tardio, que se torna, depois da redescoberta das leis de Mendel, em 1900, nocivo para a nova ciência, é muito mais virulento.

2. **Darwin e a hereditariedade do adquirido.** Antes de 1883, quando Weismann assinou o atestado de nascimento do neodarwinismo, atacando a hereditariedade do adquirido, encontravam-se certos biólogos ecléticos que admitiam simultaneamente a ação da seleção natural segundo Darwin e a influência dos fatores ambientes segundo Lamarck, no processo da evolução. O próprio Darwin não era somente selecionista, pois, mesmo concedendo prioridade ao papel da seleção natural, também admitia outros fatores de evolução, que traziam argumentos suplementares à defesa desse processo. Admitia ele a existência das variações hereditárias provocadas pelo uso e pelo

---

5 Denis Buican, *Histoire de la génétique et de l'evolutionnisme en France*, PUF, 1984.

desuso de um órgão — tese de Lamarck — reconhecendo assim a hereditariedade do adquirido, e, no fim de sua vida, em uma carta de 1876, até acentuou essa posição: "O maior erro que cometi foi não ter suficientemente levado em conta a ação direta do meio, isto é, da alimentação, do clima, etc., independentemente da ação da seleção natural... Quando, há alguns anos, escrevi *A Origem das espécies*, só pude reunir muito poucas provas da ação direta do meio; hoje, existem muitas. . ." Na realidade, essas "provas" se revelaram ilusórias.

Darwin até formulou sua hipótese corpuscular da hereditariedade — a pangênese — para explicar, entre outros, o mecanismo da hereditariedade do adquirido: "A hipótese da pangênese, admitida ou não como fundada, projeta uma certa luz sobre essa distinção importante entre a transmissão e o desenvolvimento. Segundo essa hipótese, cada unidade ou célula do corpo emite gêmulas ou átomos não-desenvolvidos, que se transmitem aos descendentes dos dois sexos e se multiplicam dividindo-se." Se a hipótese da pangênese tivesse sido confirmada, o que não ocorreu, poderia explicar como células modificadas podem transmitir, pelas gêmulas correspondentes, sua modificação à descendência. Ainda em *A Origem das espécies,* Darwin não excluía a hereditariedade do adquirido do processo evolutivo: "Não podemos saber que parte atribuir à ação definida das condições exteriores, ainda que ela exista incontestavelmente; os efeitos do uso e da falta de uso devem também entrar em consideração; todas essas influências complicam, pois, consideravelmente, o resultado final." Darwin iria sublinhar mais tarde a hereditariedade do adquirido, talvez sob a influência de certos biólogos, que faziam uma síntese entre suas próprias teorias e as hipóteses de Lamarck, e, principalmente, como diz em sua carta, por causa do acúmulo aparente de provas experimentais da ação do meio sobre a hereditariedade; mas nenhuma dessas provas iria resistir a uma análise científica rigorosa. A hereditariedade do adquirido — a influência direta ou indireta do meio sobre o corpo dos seres vivos, que se transmitiria pela substância reprodutora aos descendentes — preexistira, como conceito, a Lamarck, que lhe deu um lugar preponderante em seu transformismo — e deveria estar presente na biologia e principalmente na nova ciência da hereditariedade, a genética — muito tempo depois de Darwin. Foi o naturalista alemão Weismann que cortou esse nó górdio, percebendo perfeitamente a mutação científica que ele provoca, eliminando de sua teoria o dogma da hereditariedade do adquirido: "Lamarck admitia implicitamente essa suposição como natural, e, quando meio século mais tarde, seu feliz continuador, Charles Darwin, deu uma base nova à teoria da descendência, acreditou não poder dispensar completamente esse princípio de Lamarck, pois ele acrescentou, como sabemos, o princípio novo, e aliás muito profundo da seleção, para a explicação das transformações."

3. **Weismann e o neodarwinismo.** Auguste Weismann (1834-1914) foi privado, desde a idade de trinta anos, por uma grave doença dos olhos, das pesquisas experimentais do laboratório biológico. Isso o levou a consagrar-se aos problemas teóricos dessa ciência. Weismann fez em 1883, na Universidade de Friburgo-em-Breisgau, um famoso discurso em que apresentou sua teoria relativa à continuidade germinal. A teoria de Weismann repousa sobre uma concepção corpuscular do patrimônio hereditário, exatamente como a hipótese de Darwin sobre a pangênese, à qual Weismann presta uma homenagem póstuma: "Mas, ainda que, em minha opinião, seja preciso renunciar inteiramente à base da teoria da Pangênese, mesmo transformada, considero todavia o fato de formular essa teoria

como uma obra de mérito, como um desses desvios que eram necessários à ciência para chegar à verdade." Weismann pensa que as células germinais não provêm do corpo do indivíduo, mas da célula germinal ancestral, e diz, falando dessa hipótese: "Proponho chamá-la teoria da 'continuidade do Plasma Germinativo', pois ela repousa sobre a idéia de que a hereditariedade se produz porque um tecido de uma constituição química e principalmente molecular determinada se transmite de uma geração para outra. Esse tecido, eu o chamei 'plasma germinativo'; atribuo-lhe uma estrutura muito delicada e muito complexa, que explica a sua faculdade de desenvolver-se em organismo complexo, e tento explicar a hereditariedade dizendo que, a cada ontogenia, uma parte do plasma germinativo específico, que a célula-mãe contém, não é empregada na construção do organismo da criança, mas fica de reserva, não modificada, para a formação das células germinativas da geração seguinte."[6] As linhas precedentes mostram que, para Weismann, o "plasma germinativo" decide se o organismo futuro se tornará um leão ou uma abelha, e que, além das características da espécie, ele produz as particularidades individuais. As células germinais podem se reproduzir, e reproduzir, também, as células somáticas, mas estas nunca podem engendrar o plasma germinativo. Essa asserção implica a separação dos seres vivos em "germe" — chamado em nossos dias genotipo — e soma — o corpo do organismo — ou, em linguagem atual, o fenotipo. Tal separação é, evidentemente, incompatível com o dogma da hereditariedade do adquirido.

Segundo Weismann, não se pode afirmar, no sentido

---

6 Auguste Weismann, La continuité du plasma germinatif comme base d'une théorie de l'hérédité, in *Essais sur l'hérédité,* Paris, Ed. Reinwald & Cie, 1982, p. 166.

rigoroso da palavra, que as células germinais sejam imortais, mas elas se comportam "como a parte imortal do corpo dos metazoários. Se a essência e o caráter de uma célula têm sua razão determinante não no corpo celular mas na substância do núcleo, a imortalidade das células germinativas é mantida, ainda que só a substância nuclear passe sem interrupção de uma geração para outra."

O biólogo alemão é o precursor direto da teoria cromossômica da hereditariedade, elaborada pelo geneticista americano Morgan e sua escola, quando afirma "a existência de uma substância hereditária, de um veículo material das tendências hereditárias e o fato de que essa substância está contida no núcleo da célula germinativa e nessa parte do filamento nuclear, que, em certos momentos, reveste a forma de alças ou de bastonetes". Evidentemente, esses "bastonetes" não são mais que os cromossomos, que, como a genética molecular atual provou, contêm o ácido desoxirribonucléico (ADN), que transmite o patrimônio hereditário de uma geração para outra.

Weismann até fez uma experiência espetacular para provar a não-hereditariedade dos caracteres adquiridos pelo soma, que é incapaz de transmiti-los ao germe: assim, ele cortou, durante várias gerações, as caudas dos ratos de laboratório, para constatar que a descendência continuava normal, logo, com caudas... A rigor, ele até poderia dispensar tal experiência, já feita, espontaneamente, na prática multimilenar da espécie humana: assim, as mulheres continuam a nascer com o hímen, apesar de sua perda a cada geração, e os homens circuncidados há tempos imemoriais, segundo diferentes práticas religiosas, não deixam de nascer com um pênis normal. Mas a experiência de Weismann sublinha, ainda uma vez, a não-hereditariedade dos caracteres adquiridos.

Com Weismann, o neodarwinismo fica constituído. Com efeito, toma-se o cerne do darwinismo, a seleção natural, eliminando a hereditariedade do adquirido e outros supostos mecanismos da evolução, que o próprio Darwin não rejeitava e acrescenta-se a teoria do biólogo alemão, relativa à substância específica que transmite a hereditariedade. No futuro, o neodarwinismo será completado pelas leis de Mendel, redescobertas em 1900, e pelo mutacionismo, já postulado por Weismann. Enfim, a genética cromossômica de Morgan, ciência experimental, coroará, fazendo-lhe correções, o edifício teórico construído pelo naturalista alemão.

Certamente, a teoria de Weismann não é inteiramente aceita pela biologia atual; assim, renunciou-se à separação absoluta entre as células germinais e somáticas, pois, nos dois casos, os cromossomos do núcleo celular representavam o mesmo genotipo. Mas, de qualquer forma, não pressentiu o próprio Weismann esse fenômeno, quando, analisando a reprodução vegetativa das folhas da begônia, escreveu: "Todas ou quase todas as células de uma planta contêm um pouco de plasma germinativo"...?

Enfim, a hipótese da seleção germinal de Weismann não foi confirmada pela ciência. Segundo essa hipótese, os "determinantes" hereditários, constituídos pelas diferentes partículas no interior do germe, combatem entre si pelo alimento. Os mais vigorosos predominam na transmissão hereditária, o que explicaria a variação em um certo sentido... Deve-se notar que, antes de Weismann, o próprio Darwin pensou, em uma carta dirigida a Huxley (14 de outubro de 1869), numa luta eventual pela existência entre as gêmulas; seu amigo, Thomas Huxley, supunha, por sua vez, que se pode encontrar uma concorrência entre diferentes moléculas no interior do organismo. De qualquer modo, nenhuma dessas hipóteses foi confirmada até agora, ainda que se possa encontrar, como veremos mais tarde, presunções sérias no que diz respeito a uma seleção multipolar nos diferentes níveis de integração dos seres vivos. A teoria de Weismann deve ser julgada na perspectiva da época; o próprio autor considera suas idéias-hipóteses com uma certa modéstia que convém a um cientista: "É nesse sentido que se pode aceitar como guia ou como bússola a idéia que acabo de expor. Mesmo que ela seja também destinada a ser substituída mais tarde por uma melhor teoria, se ela tiver proporcionado à observação um avanço, por pequeno que seja, terá ela atingido seu objetivo." Efetivamente, o neodarwinismo de Weismann atingiu esse objetivo — proporcionar um avanço à observação e à experimentação biológica — pois permitiu, num primeiro tempo, a integração das leis de Mendel e do mutacionismo a uma teoria unitária da evolução.

4. Genética e neodarwinismo. Gregor Mendel descobriu suas leis estatísticas, que regem a transmissão hereditária em todos os casos de cruzamento, em 1865; na época, sua descoberta passou despercebida, na ausência de uma teoria capaz de lhe dar o lugar que lhe convém. Com efeito, as leis de Mendel mostravam que os fatores hereditários se comportam como partículas independentes justapostas, mas não fundidas, que se transmitem, invariáveis, através das hibridações e das gerações sucessivas. Esses fatores hereditários se combinam e se recombinam a cada geração, segundo a probabilidade das leis estatísticas: assim, à uniformidade da primeira geração híbrida sucede a segregação nas descendências seguintes.

Alguns acreditaram perceber na imagem dada pelas leis de Mendel a de um caleidoscópio, cujos elementos se combinariam e recombinariam, segundo regras estatísticas, sem poder engendrar o novo. O próprio Mendel logo reconhece que o seu trabalho... "só ele, portanto, parece ser capaz de conduzir finalmente à resolução de uma questão cuja importância não se deve desprezar quanto à história da evolução dos seres organizados". É preciso lembrar, pois, que o monge Mendel não era um biólogo fixista nos anos sessenta do século passado. Mais tarde, após a descoberta, ou a redescoberta depois de Duchesne, das mutações hereditárias por Hugo de Vries, as leis de Mendel puderam dar conta de sua transmissão genética em uma população, pondo assim em evidência essa parte do processo evolutivo.

Em 1900, as leis de Mendel foram redescobertas por três pesquisadores, que trabalharam independentemente: Hugo de Vries, na Holanda, Correns, na Alemanha, e Tschermak, na Áustria. Desta vez, o terreno estava preparado para acolhê-los, graças, principalmente, ao neodarwinismo de Weismann. Lucien Cuénot na França e Bateson na Inglaterra constataram que as leis de Mendel, descobertas nas plantas, se aplicam também ao reino animal, sendo, pois, as leis gerais da hereditariedade em todos os casos de cruzamento de seres vivos. Os fatores hereditários independentes, supostos pelas leis de Mendel, foram identificados com os determinantes de Weismann, e, mais tarde, com os genes situados nos cromossomos, como pérolas num colar, na teoria de Thomas Hunt Morgan, o célebre biólogo americano. Este, adversário do mendelismo no começo de nosso século, tornou-se partidário dele a partir de 1910, quando constatou que uma mutação em uma linhagem de moscas-do-vinagre, as drosófilas, se transmitia conformemente às leis de Mendel. A escola de Morgan consegue explicar, graças aos fenômenos de *linkage* (encadeamento de vários genes sobre uma parte de um cromossomo, transmitindo-se juntos como um só bloco hereditário) e de *crossing-over* (migrações dos pedaços de um cromossomo para outro), por que os fatores de Mendel, que são, na realidade, genes, não se comportam sempre como bolas de gude independentes, caindo de maneira aleatória sobre a superfície de um jogo de azar.

Essas alterações das leis de Mendel são apenas, em última análise, exceções que confirmam a regra.

A biologia molecular atual apenas confirmou, em suas grandes linhas, o neodarwinismo de Weismann, as leis de Mendel e a teoria cromossômica de Morgan. Assim, os fatores supostos pelas leis de Mendel, assimilados aos determinantes de Weismann e aos genes de Morgan, são hoje os genes que se encontram sobre a dupla hélice do ADN (ácido desoxirribonucléico). De modo geral, a informação hereditária parte do ADN para o ARN (ácido ribonucléico), para codificar, isto é, produzir de acordo com as formas constituídas pelos ácidos nucléicos, um arranjo específico de proteínas, segundo um esquema que se tornou clássico:

ADN → ARN → Proteínas.

Assim, as proteínas que representam o corpo (ou o soma do neodarwinismo de Weismann) são "codificadas" segundo o modelo oferecido pelo ADN — situado nos cromossomos do núcleo celular — que é constituído pelos genes moleculares, isto é, pelos determinantes hereditários. Em casos excepcionalmente raros, pôde-se constatar um retorno da informação hereditária do ARN para o ADN, mas nunca um retorno de proteínas que formam o corpo (o soma, o fenotipo) para os ácidos nucléicos que formam o patrimônio genético (o germe, o genotipo). Assim, para a biologia molecular, como para a biologia *tout court,* a hereditariedade do adquirido é um antigo dogma não confirmado pela experiência, que, conseqüentemente, não pertence ao campo científico contemporâneo.

5. **Mutacionismo.** Darwin não atribuía um papel significativo, em sua teoria, às transformações hereditárias de grande amplitude, que ele chamava *sports,* e as conside-

rava, antes, como acidentes negativos, ainda que ele tenha testemunhado o aparecimento brusco de novas raças, como, por exemplo, a do carneiro de patas curtas. O mendelismo foi conciliado com o neodarwinismo somente em 1918, quando R. A. Fisher, fundador da genética das populações, mostrou que o mendelismo pode explicar a transmissão hereditária de uma variação contínua, isto é, o papel cumulativo exercido pela seleção natural, a partir de uma série de pequenas variações hereditárias, que se chamam hoje micromutações. Quanto às macromutações — transformações hereditárias cromossômicas de grande amplitude — recusadas, como já vimos, por Darwin, mas integradas por Hugo de Vries à sua teoria sobre a mutagênese, formulada no começo de nosso século, podiam elas, em tese, dar nascimento, bruscamente, a uma nova variedade e até a uma nova espécie. Tal teoria da mutação teria podido dispensar, a rigor, a ação atribuída habitualmente à seleção natural sobre o percurso da formação gradual de uma espécie; em contrapartida, a seleção natural permanece indispensável para eliminar as macromutações desvantajosas.

Foi Hugo de Vries que, nos primeiros anos deste século, conseguiu impor o mutacionismo ao mundo científico; mas, bem antes dele, em meados do século XVIII, Maupertuis e Duchesne (que descobriu a *Fragaria monophylla,* um mutante de morango silvestre com uma só folha), para só falar destes, foram precursores da tese atual das mutações hereditárias. O geneticista americano Muller, discípulo de Morgan, descobriu, em 1927, a possibilidade de produzir mutações artificiais graças aos raios X; até aquela data, todas as mutações conhecidas apareciam espontaneamente na natureza. As mutações que Muller descobriu, tendo como "cobaia" a drosófila, foram confirmadas por Stadler, no reino vegetal, no milho. Desde então, em diferentes países, principalmente nos Estados

Unidos e na Suécia, obtêm-se mutações artificiais, utilizando fatores radioativos, elétricos e até ultrassônicos. Um novo ramo da genética, a rádio-genética, deu frutos práticos, ou seja, variedades novas de plantas, enquanto, no plano da teoria, o efeito mutagênico das radiações era interpretado, por certos pesquisadores, à luz da microfísica indeterminista.

Utilizando diversos fatores mutagênicos, obtiveram-se experimentalmente micromutações intra-específicas. O neodarwinismo clássico explica a evolução por uma série de micromutações orientadas para uma mesma direção pela pressão da seleção natural. Mas certos especialistas consideram que esse mecanismo é capaz de explicar apenas as variações no interior da espécie, isto é, o aparecimento de variedades e de raças novas, mas não as grandes transformações biológicas, como a passagem dos répteis para os pássaros, por exemplo, ou mesmo a do macaco original para o homem. As macromutações ou "saltos", produzidas não apenas pelo acúmulo das transformações dos genes, mas, principalmente, por bruscas mutações cromossômicas, já eram postuladas pela teoria de Hugo de Vries (1901), e tais tipos de evolução já eram considerados anteriormente, há muito tempo. Thomas Huxley, discípulo e amigo de Darwin, lamentava que o sábio inglês não tivesse utilizado, em sua teoria da evolução, essas grandes transformações bruscas. Com efeito, Darwin falava de uma transformação gradual das espécies — que a paleontologia nem sempre explicava — o que o levava a supor que os elos intermediários do processo da evolução teriam desaparecido, por acidente, dos arquivos terrestres. Richard Goldsmith, nos anos quarenta deste século, e, em nossos dias, o americano Stephen Jay Gould são partidários do saltacionismo. Goldsmith considerava que grandes transformações embrionárias, capazes de produzir "monstros prometedores", encontravam-se na origem das novas espécies biológicas. Gould, retomando essa idéia, formulou com Eldredge uma teoria dos "equilíbrios pontuados", segundo a qual as espécies biológicas têm longos períodos de estabilidade, no curso de sua história, entrecortados pelo aparecimento súbito de novas espécies, que vêm pontuar essa estabilidade. Tentando explicar suas hipóteses, Stephen Jay Gould não esconde sua inspiração marxista, e até soviética: "Na União Soviética, por exemplo, os cientistas recebem uma formação na qual a filosofia da transformação é muito diferente: as famosas leis dialéticas, reformuladas por Engels, a partir da filosofia de Hegel. As leis dialéticas fazem explicitamente referência a essa noção de pontuação. Elas falam, por exemplo, da "transformação da quantidade em qualidade". Veremos, no capítulo seguinte, que essa suposta "lei" do salto dialético, de que fala Gould, resultou — no caso que leva o nome de Lyssenko, o biólogo favorito de Stalin — nas piores aberrações anticientíficas e nas metamorfoses falsificadas das espécies biológicas, lembrando as mais obscuras superstições da Idade Média. Quanto às macromutações, cuja existência não pode ser excluída do processo evolutivo, estas não têm, evidentemente, nenhuma relação com o "salto" dialético do marxismo, mas podem explicar-se por acidentes cromossômicos e mudanças aleatórias, que entrariam, assim como as micromutações, na teoria clássica do neodarwinismo.

6. **Neodarwinismo e neolamarckismo.** Após 1883, data de nascimento do neodarwinismo de Weismann, elevou-se, principalmente na França, uma forte corrente de recusa às suas teorias. A maioria dos adeptos dessa corrente tentou conciliar Lamarck e Darwin, com uma predominância nítida para o primeiro, e, sobretudo, para a hi-

pótese relativa à hereditariedade do adquirido.[7] O neolamarckismo francês, muito mais tardio do que o registrado em outros países, como já mencionamos, foi muito mais violento.[8] Se certos neolamarckistas franceses do primeiro período, como, por exemplo, Alfred Giard ou Yves Delage, são ecléticos e moderados na defesa de suas idéias, neolamarckistas tardios, como Félix Le Dantec, nas primeiras décadas deste século, ou Etienne Rabaud, nos anos trinta, mostraram uma obstinação pouco comum no erro científico.

Félix Le Dantec, biólogo e professor na Sorbonne, ataca o mendelismo de Lucien Cuénot e até assimila os determinantes hereditários a micróbios, chegando assim a uma conclusão completamente errônea: "Os fatos da hereditariedade mendeliana são, por assim dizer, acidentes acrescentados à hereditariedade normal, como uma doença se acrescenta à fisiologia normal de um indivíduo." A chama da polêmica injustificada passou de Le Dantec para Etienne Rabaud, professor de biologia experimental na Sorbonne. Num primeiro tempo, em 1913, faz ele uma apresentação negativa da teoria de Weismann, exclamando: "Não procurarei seguir Weismann e os weismannianos, seja qual for o título com que eles se enfeitem, numa discussão ociosa. Aliás, qualquer discussão com eles logo perde o seu objetivo." Ataca também o mendelismo, e, finalmente, nos anos 1936-1937, o morganismo, com uma rara injustiça: "Nada autoriza construir uma teoria, não apenas deixando de lado um certo número de fatos, mas ainda utilizando fatos imaginários. E nada é mais representativo, nesse aspecto, do que a teoria de Morgan." To-

---

7 Denis Buican, *Histoire da la génétique et de l'évolutionnisme en France,* PUF, 1984.

8 Denis Buican, *Génétique et pensée évolutionniste. Regards sur l'histoire,* SEDES, 1987.

dos esses ataques virulentos são desprovidos de fundamento, pois Etienne Rabaud é um neolamarckista apegado ao dogma da hereditariedade do adquirido.

Esse dogma da hereditariedade do adquirido deveria tornar-se na França — após o redescobrimento da genética em 1900 e até a sua consolidação em 1945, com a criação da cadeira que lhe foi consagrada na Sorbonne — o principal obstáculo ao desenvolvimento normal da ciência da hereditariedade. A biologia teve o triste privilégio de conhecer, na França, bem antes do caso Lyssenko e do suicídio do austríaco Kammerer, acusado de falsificar experiências para provar a hereditariedade do adquirido, um neolamarckismo experimental. Assim, Lucien Daniel, professor na Universidade de Rennes e correspondente da Academia de Ciências de Paris, afirmou ter conseguido transmitir o patrimônio hereditário graças aos enxertos em vegetais.

Outro naturalista, Louis Blaringhem, apresentou uma série de experiências duvidosas com a hereditariedade das mutações em diversas plantas, entre as quais o milho. Esse biólogo chega a uma concepção errônea da evolução por traumatismos entre as plantas: "Disso resulta que as mutilações violentas, feitas em época adequada, constituem um meio muito poderoso e desconhecido até agora, para determinar as variações bruscas, hereditárias e progressivas. Nesse aspecto, elas desempenham um papel importante na evolução do reino vegetal." Essas conclusões e essas pesquisas de Blaringhem não fazem parte da realidade científica. Blaringhem enganou-se, ofuscado talvez pela hereditariedade do adquirido, defendida pelo lamarckismo.

A corrente que não rejeitava o neodarwinismo, minoritária na França até o fim da Segunda Guerra Mundial, executou pesquisas importantes e contou com nomes notáveis: Lucien Cuénot, Emile Guyénot, Maurice Caullery,

Jean Rostand, Boris Ephrussi, Philippe L'Héritier, para citar apenas os mais conhecidos. Sua presença científica não pôde impedir a persistência de um neolamarckismo hiper-tardio, do qual um dos representantes notórios, Paul Wintrebert, defende nos anos sessenta de nosso século — é verdade que em idade quase centenária — hipóteses que, sob o nome de "lamarckismo químico", confirmariam, segundo ele, a doutrina de Lamarck.

Esse lamarckismo tardio e hiper-tardio — inexistente em outros países de desenvolvimento intelectual comparável — opondo-se ao neodarwinismo e à genética clássica, preparou, com o dogma persistente da hereditariedade do adquirido, o caminho para a falsa ciência que Lyssenko deveria designar, não sem ênfase sectária, como darwinismo criador soviético.

capítulo V

O DARWINISMO CRIADOR SOVIÉTICO

O darwinismo criador soviético, como Lyssenko (1898-1976) chamaria sua falsa ciência, escreve as páginas mais negras, ultrapassando até a pior Inquisição da Idade Média, da história do conhecimento humano. Lyssenko, invocando abusivamente o nome de Darwin, cujas idéias desnaturou, e o de Mitchourine, um jardineiro supostamente sábio, morto em 1935 na URSS, afirma ter criado uma nova biologia proletária, que seria um desenvolvimento do darwinismo, em oposição à genética clássica, que não é mais que uma ciência burguesa, e, conseqüentemente, caduca.[1]

1. O desenrolar histórico do caso Lyssenko. Na Europa Ocidental, e principalmente na França, o caso Lyssenko começa no outono de 1948, depois do relatório de Lyssenko

1 Para mais detalhes sobre a filosofia da história do caso Lyssenko, consultar: Denis Buican, *L'éternel retour de Lyssenko,* Ed. Copernic, 1978; para conhecer a história completa do lyssenkismo na França: Denis Buican, *Histoire de la génétique et de l'évolutionnisme en France,* PUF, 1986 (os últimos capítulos); para fazer uma síntese sucinta: Denis Buican, *Génétique et pensée evolutionniste,* Ed. SEDES, 1987.

à Academia de Agricultura Lênin da URSS, que assinala o triunfo do lyssenkismo e o enterro provisório da genética clássica e do neodarwinismo, até 1965, quando o poder repressor do pseudo-sábio soviético sofre um brusco declínio, depois da queda de seu último grande protetor, Khruchtchev.

Em seu país de origem, a ascensão de Lyssenko começa nos anos trinta, com uma campanha cerrada, em 1935 e 1936, contra a genética clássica, que não traria uma vitória nítida para seus promotores, mas que, não obstante, enfraqueceu a posição de Vavilov, o biólogo soviético mais conhecido da época, que, preso alguns anos mais tarde, morreu numa cela sem ar e sem luz, em 1943. A morte trágica de Vavilov suprimiu um dos últimos obstáculos à ascensão e ao triunfo de Lyssenko.

A análise da sessão de 1948 da Academia Lênin é exemplar para a construção dessa falsa ciência sobre bases ideológicas: os geneticistas sucumbem sob as acusações acumuladas por Lyssenko em um relatório, ao ouvirem que o Comitê Central do Partido Comunista e o próprio Stalin aprovaram esse relatório... Efetivamente, Stalin foi, durante sua vida, um critério infalível de verdade, até de verdade científica.

O triunfo do lyssenkismo se manifesta por um monopólio oficial de todas as revistas especializadas da URSS e dos países satélites, pelo banimento da genética clássica dos livros e das bibliotecas, e pelo ensino exclusivo e obrigatório da falsa ciência de Lyssenko, desde a escola primária até a universidade. Todas as teses de doutorado consagradas na época à genética ou ao evolucionismo foram manipuladas por seus autores, a fim de que pudessem obter seus títulos... De outro modo, os recalcitrantes tinham seus laboratórios destruídos, eram aprisionados como inimigos do povo, exilados na Sibéria, ou, pura e simplesmente assassinados. Testemunha ocular desse período, meu laboratório de genética foi destruído várias vezes, sob a pressão dos lyssenkistas, na Romênia, meus escritos foram censurados, e o aparecimento de um livro, editado em 1969, que, pela primeira vez, ataca abertamente Lyssenko, foi retardado durante cinco anos pela censura.[2]

Depois de sua vitória total em 1948, um primeiro breve eclipse parcial do lyssenkismo ocorreu em 1953, após a morte de Stalin, mas, graças a Khruchtchev, Lyssenko se recuperou, até cair em relativa desgraça em 1965; apesar disso, os quadros formados durante o período lyssenkista persistiriam por muito tempo em cargos de responsabilidade, e o pseudo-sábio morreria em 1976, como membro de várias academias soviéticas e com o peito constelado de condecorações, das quais nenhuma lhe foi retirada.

Atualmente, o mundo inteiro, inclusive o mundo soviético e comunista, concorda em dizer que o lyssenkismo é uma falsa ciência, baseada sobre truques de experiência ou interpretações biológicas errôneas. Mas, se todo o mundo científico tem agora essa opinião sobre o fundo do caso Lyssenko, em contrapartida, as causas dessa falsa biologia, que reinou entre 1935 e 1965 na URSS e em todo o universo comunista, são ainda — principalmente nos meios marxistas — consideradas sob prismas deformantes. Se, na URSS, embora reconhecendo em nossos dias o absurdo do lyssenkismo, evita-se analisar — por boas razões — as raízes do lyssenkismo, no Ocidente, e particularmente na França, filósofos marxistas ou marxizantes, como, por exemplo, Dominique Lecourt, culpam, sem razão, pelo caso Lyssenko, apenas o culto da personalidade

---

2 Para mais detalhes, consultar: Denis Buican, *L'éternel retour de Lyssenko*, Ed. Copernic, 1978, e *Génétique et pensée évolutionniste*, Ed. SEDES, 1987. A ser publicado: *Lyssenko et le lyssenkisme*, PUF, 1988

de Stalin, e as pretensas realizações práticas, aliás inexistentes, desse "darwinismo criador soviético".[3] Na realidade, o caso Lyssenko representa uma conjunção do dogmatismo marxista-leninista e de um poder totalitário, cuja triste história lembra não um combate científico normal, mas o terrorismo de uma nova inquisição, ainda mais poderosa e mais dura que a antiga.

2. Darwinismo e marxismo. Num relatório tristemente célebre, aprovado previamente por Stalin e pelo Comitê Central do Partido Comunista da URSS, que iria assinalar, a 31 de julho de 1948, o triunfo arbitrário do "darwinismo criador soviético" e o banimento do neodarwinismo e da genética clássica da União Soviética e dos países colonizados pelo Exército Vermelho da Europa de Leste, Lyssenko lança ataques contra o que ele chama de "graves erros" da teoria de Darwin.

A base de tais ataques é o dogmatismo marxista: "Os mestres do marxismo, mesmo tendo em alta conta a teoria darwiniana, indicaram os erros de Darwin. A teoria de Darwin, indiscutivelmente materialista em suas linhas fundamentais, contém um certo número de graves erros." Além disso, afirma, sem nenhuma justificação, Lyssenko, "no período pós-darwiniano, a maioria dos biólogos, em lugar de continuar a desenvolver a doutrina de Darwin, tudo fez para degradar o darwinismo, para esmagar-lhe a base científica. A ilustração mais evidente dessa degradação é dada por A. Weismann, G. Mendel, T. Morgan, fundadores da genética reacionária". O erro da genética clássica é, segundo o pseudo-sábio soviético, que "os re-

---

[3] Para certos detalhes, consultar: Denis Buican, Le massacre des cromosomes, *La Quinzaine littéraire*, Paris, 1971, e L'affaire Lyssenko enterrée et ressuscitée, *La Pensée et les Hommes*, Bruxelas, 1977; também *Marxisme-léninisme et lyssenkisme*, Tel-Quel, 1978; do mesmo autor Succès et dégâts des fausses sciences, *Le Monde*, Paris, 31/10/1982.

presentantes da biologia reacionária, quer se denominem neodarwinistas, weismannianos ou, o que dá no mesmo, mendelianos-morganistas, defendem o que se chama teoria cromossômica da hereditariedade". Ora, o defeito principal dessa teoria, segundo Lyssenko, reside na afirmação de que "as propriedades adquiridas pelos organismos vegetais e animais não podem transmitir-se às gerações seguintes, não podem transmitir-se hereditariamente". Pois, explica o falso sábio, "... as teses bem conhecidas do lamarckismo, que admitem o papel ativo das condições do meio exterior na formação do corpo vivo e a hereditariedade das propriedades adquiridas, ao contrário da metafísica do neodarwinismo (ou do weismannismo), longe de serem errôneas, são inteiramente exatas e perfeitamente científicas".[4]

Constata-se que, no caso Lyssenko, o neolamarckismo penetra por várias portas: usando como carro de assalto o dogma da hereditariedade do adquirido, arbitrariamente manejado por Lyssenko, ele esmaga o neodarwinismo e a genética clássica; aliás, o neolamarckismo se torna, desde Marx e Engels até Lênin e Stalin, um componente importante do materialismo dialético. Além do mais, Stalin já era seu partidário desde 1906. A rigor, Lyssenko só fazia seguir os passos do grande corifeu de todas as ciências soviéticas... Seu triunfo estava pois antecipadamente garantido.

Uma troca de cartas entre Marx e Engels mostra o entusiasmo desses "clássicos" do marxismo com o aparecimento de *A Origem das espécies*. Assim, Engels acha Darwin "sensacional", observando que, além disso, "nun-

---

4 T.D. Lyssenko, *Sur la situation dans la science biologique*, relatório apresentado na sessão da Academia Lênin de Ciências Agrícolas da URSS, de 31 de julho de 1948, publicado em *Agrobiologie*, Moscou, edição em línguas estrangeiras, 1953, p. 532-538.

ca se tinha feito uma tentativa de tal envergadura para demonstrar que existe um desenvolvimento histórico na natureza, ao menos nunca com tanta felicidade". E Marx afirmaria numa carta dirigida a Engels: "Apesar da falta de finura bem inglesa do seu desenvolvimento, é nesse livro que se encontra o fundamento histórico-natural de nossa concepção. Enfim, numa carta a Ferdinand Lassalle, Marx escreve: "O livro de Darwin é muito importante e me convém como base da luta histórica de classes."

Um pouco mais tarde, passados os primeiros instantes de entusiasmo, Marx e Engels adotam uma atitude negativa em relação a certas teses fundamentais do darwinismo, como a luta pela existência, motor da seleção natural. Com efeito, seu messianismo materialista era negado pelo fato de que, no darwinismo, o progresso é puramente acidental, enquanto, para os marxistas, a história, como a natureza, teriam um sentido determinado *a priori* (por isso, Marx aprovaria sem hesitar o obscuro literato Trémaux contra Darwin...) Quanto à base darwinista da luta de classes, mantida algum tempo por Marx, o teórico do comunismo voltaria atrás: "Darwin foi levado, a partir da luta pela vida na sociedade inglesa — a guerra de todos contra todos, *bellum omnium contra omnes* — a descobrir que a luta pela vida era a lei dominante na vida animal e vegetal. Mas o movimento darwinista vê nisso uma razão decisiva para a sociedade humana de nunca libertar-se de sua animalidade..." Enfim, Marx se dá conta de que, aceitando, como fez no início, a base biológica da luta de classes, frustra-se a utopia comunista: a sociedade comunista, paraíso terrestre do futuro sem classes, seria impossível de realizar, nessa perspectiva.

Numa carta a Engels, Marx critica a aplicação da teoria de Malthus por Darwin, enquanto, por sua vez, Engels não admite, verdadeiramente, a explicação darwinista do mecanismo da evolução: "Na doutrina de Darwin, aceito a teoria da evolução, mas só admito seu método de demonstração (*struggle for life, natural selection* — luta pela vida, seleção natural) como primeira expressão, provisória e imperfeita, de uma realidade recentemente descoberta." Partindo dessas críticas ao darwinismo, feitas pelos "clássicos" do marxismo, e das "leis" da dialética entre as quais a do "salto", Lyssenko lança seu "darwinismo criador soviético".

Essa nova ciência soviética não podia deixar de ser verdadeira, segundo os dogmas do marxismo-leninismo. De fato, ela representava a base econômica, a infraestrutura do sistema soviético, que gerava uma superestrutura ideológica, política, artística, literária e científica que lhe correspondia. Assim, nessa ótica, o lyssenkismo, a nova biologia "proletária" só podia vencer a ciência "burguesa", esta ligada a uma base econômica reacionária, o capitalismo ocidental. Para os marxistas-leninistas da URSS, mas também para os partidos comunistas do Ocidente, endoutrinados pela falsa teoria das duas ciências — burguesa e proletária — a biologia proletária de Lyssenko teria razão *a priori* contra a ciência burguesa.

3. Salto dialético e metamorfose das espécies. Fiel aos seus clássicos do marxismo-leninismo, Lyssenko aplica à metamorfose das espécies a "lei" dialética do salto qualitativo, pois, segundo Marx, "simples modificações na quantidade, chegando a certo grau, acarretam diferenças na qualidade". Engels dá vários "exemplos" de saltos, "em que a quantidade se converte na qualidade". Lyssenko afirma, em seu famoso relatório de 1948, que conseguiu transformar uma espécie de trigo (*Triticum durum,* com 28 cromossomos) em trigo tenro (*Triticum vulgare,* com 42 cromossomos), sem "passar por formas de transição. A transformação de uma espécie em outra se faz por saltos".

A transformação de espécies vizinhas de trigo, era,

certamente, demasiado modesta para satisfazer a sede de "salto dialético" de Lyssenko; assim, ele consegue "descobrir" que o centeio se transforma em trigo, e vice-versa, o trigo em cevada, a aveia *(Avena sativa)* em aveia-doida *(Avena fatua)*. Enfim, Lyssenko considera que as espécies das plantas cultivadas se metamorfoseiam em plantas selvagens... enquanto seu discípulo Karapetian "constata" que diferentes espécies de árvores se transformam umas nas outras, num movimento desordenado...

Apesar dessas "metamorfoses" arbitrárias, Lyssenko não estende apenas ao reino vegetal os benefícios de sua ciência proletária e soviética: "Ainda não temos dados suficientes sobre a maneira pela qual se opera a formação das espécies no reino animal. Mas podemos estar certos de que, depois dos progressos da biologia mitchouriana, logo reuniremos, também em zoologia, materiais análogos aos que já possuímos sobre o reino vegetal." Para suprir essa lacuna, Lyssenko "criou" uma nova raça de vacas excepcionalmente dotadas, segundo ele, para uma produção de leite superabundante e, mais ainda, com um teor de gordura extremamente elevado, que deveria marcar o começo das "metamorfoses" das espécies do mundo animal.

No fim dessas "metamorfoses" que, como o mundo inteiro reconhece agora, e até mesmo o mundo comunista, se baseavam apenas em truques nas experiências ou em afirmações mentirosas, desenha-se a eventual obtenção do homem novo, o homem comunista. Com efeito, já que a natureza humana, o patrimônio genético do homem é incompatível com os dogmas do marxismo-leninismo, pretende-se transformar, isto é, deformar a hereditariedade do homem, para corresponder, sem mutilação em cada geração, ao leito de Procusto arbitrário do materialismo dialético e histórico. O principal fator deformante utilizado era o meio, a educação comunista, que deveria, graças à "hereditariedade do adquirido", imprimir uma marca hereditária, pela transformação do homem, sobre a natureza humana. Fazendo tábua rasa da genética clássica e adotando a hipótese da "hereditariedade do adquirido" do neolamarckismo, o "darwinismo criador soviético" considerava a hereditariedade dos seres vivos, inclusive a do homem, como uma espécie de cera mole, pronta para cair nas fôrmas dos seus dogmas arbitrários.

4. Lyssenko e a seleção natural. Lyssenko "reconsidera" a seleção natural, guiado pela lógica dialética: "Evidentemente, se abordarmos os fatos biológicos sob o ponto de vista da lógica formal, e não da lógica dialética, nunca conseguiremos pôr em evidência o papel criador da seleção natural ou artificial." Depois desse malabarismo verbal, Lyssenko ataca a metafísica e defende um sentido da seleção que quase chega ao providencialismo: "Os metafísicos da biologia não compreendem, ou não vêem, que na seleção natural e numa seleção artificial bem conduzida, a variação dos organismos caminha no sentido da seleção." Efetivamente, tal asserção implica uma variação orientada *a priori* no sentido da seleção, o que é um contra-senso científico. Não se detendo em tão bom caminho, Lyssenko ataca a base da seleção natural de Darwin, isto é, a superpopulação que produz a luta pela existência, afirmando sem nenhum fundamento: "Não há e não pode haver superpopulação na natureza". Lyssenko lança nas trevas exteriores ao marxismo-leninismo a concorrência intra-específica, que é uma noção fundamental do darwinismo e constitui o motor da seleção natural e da evolução: "É claro que os fatores que limitam, restringem o número de indivíduos de uma espécie e de uma variedade, diferem em cada caso. Mas estamos certos de que, praticamente, a concorrência no interior da espécie ou da variedade nunca é um fator restritivo."

Rejeitando, pois, a luta pela existência no interior da espécie, Lyssenko fabrica hipóteses que lembram o vitalismo e o animismo primitivo, nas quais as superstições primitivas se misturam às superstições dialéticas. Assim, Lyssenko considera que as plantas de kok-saghyz — espécie próxima do dente-de-leão — longe de concorrer entre si, sacrificam-se pelo bem da espécie: "Quando se observam as plantas de kok-saghyz, de jovens até adultas, é fácil constatar uma diminuição constante do número de indivíduos, uma 'rarefação espontânea' ". Na verdade, sem nenhuma dúvida, essa "rarefação espontânea", para não dizer miraculosa, de Lyssenko, é o resultado da concorrência intra-específica de Darwin, que Lyssenko nega sem nenhum fundamento.

Lyssenko ataca a concorrência intra-específica de Darwin por razões (ou desrazões) ideológicas: "Não pode existir sociedade de classes em nenhuma espécie de plantas ou animais. Assim, não se trata aqui de luta de classes, mesmo se a batizam, em biologia, de concorrência intra-específica." Tais asserções, corroboradas pelas teses defendidas pelos "clássicos" do marxismo-leninismo, fornecem a chave do problema: seu dogmatismo ideológico teme uma eventual assimilação da luta de classes à concorrência biológica, o que significaria um combate perpétuo na natureza e na sociedade humana, impossibilitando o advento da sociedade comunista "harmoniosa" de sua utopia milenarista.

Mas, descendo de suas hipóteses utópicas para a prática biológica e agrícola, Lyssenko chega a resultados desastrosos: deve-se semear as plantas em "ninhos". Recomenda, por exemplo, semear 100-200 sementes de kok-saghyz em um "ninho" de 5 a 10 cm^2, para que as plantas "utilizem mutuamente suas sombras". Além disso, recomenda a aplicação desse método em "ninhos" em grandes superfícies agrícolas, para formar fileiras com as futuras árvores florestais, o que levou a uma concorrência cerrada pela água entre as bolotas de carvalho, semeadas na estepe árida e, finalmente, à sua morte, com grandes prejuízos para a agricultura. O método de plantação em "ninhos", que fracassou assim na prática, baseava-se na "ajuda mútua" dos indivíduos de uma mesma espécie, que devia prefigurar a ajuda mútua humana na sociedade ideal do futuro, o comunismo. Mais um fracasso do sistema marxista-leninista "aplicado" à ciência...

capítulo VI

DARWINISMO SOCIAL, EUGENISMO E SOCIOBIOLOGIA

Por darwinismo social, deve-se entender a extensão à sociedade humana de certas noções do darwinismo geral, como por exemplo a luta pela existência e a seleção natural. Já observamos que o Darwin de *A descendência do homem e a seleção sexual* é, também, um dos fundadores do darwinismo social. Por causa de suas implicações políticas e ideológicas, deve-se analisar o darwinismo social com a necessária prudência e todo o rigor da ciência.

1. **Darwinismo e progresso social.** O darwinismo social implica uma doutrina seletiva, baseada sobre a luta pela existência, característica para todas as espécies biológicas, inclusive o homem. Na obra de Darwin, é um darwinismo matizado de lamarckismo, que não exclui a "hereditariedade do adquirido", que é tomado como base da evolução eventual do homem e da sociedade. Depois de 1883, quando o neodarwinismo começa a separar-se do neolamarckismo, pode-se, às vezes, encontrar um neolamarckismo social, que, a partir da influência do meio sobre a hereditariedade, deseja melhorar a espécie e a sociedade humanas. Esse neolamarckismo, exacerbado e defendido por experiências gravemente falsificadas, iria

conduzir às aberrações do "darwinismo criador soviético", que, em última análise, queria obter um homem novo, comunista, enfim compatível com os dogmas do materialismo dialético e histórico. Se o darwinismo social partia da seleção para melhorar a hereditariedade humana, e, conseqüentemente, a sociedade, o neolamarckismo e o lyssenkismo consideravam que o meio podia modificar a hereditariedade e a sociedade humanas. Em nosso século, o darwinismo social, com a eugenia e a sociobiologia, prevaleceu contra o neolamarckismo social, que se tornou um simples vestígio histórico.

Darwin, ao inaugurar, ao lado de seu primo Francis Galton, pai da eugenia, o seu darwinismo social, insistia: "Não se deve, pois, usar nenhum meio para diminuir muito a proporção natural, na qual aumenta a espécie humana, ainda que esse aumento acarrete muito sofrimento. Deveria haver concorrência aberta para todos os homens, e deveriam ser eliminados todas as leis e costumes que impedem os mais capazes de triunfar e de criar o maior número de filhos."[1]

Charles Richet, prêmio Nobel de biologia, mostra-se descontente com o sistema social atual, que promove, para os herdeiros, uma desigualdade de oportunidades que a maioria deles não merece: "Há principalmente um elemento que perverte tudo: a desigualdade de condições ao nascer. Os filhos de um milionário, por mais fraca que seja sua inteligência, por mais imperfeita que seja sua constituição física, por mais desagradável que seja seu aspecto exterior, são mais favorecidos, afinal, que os filhos de um campônio, de modo que, na batalha que se trava, serão vencedores, ao passo que, abandonados às

---

1 Charles Darwin, *La descendance de l'homme et la sélection sexuelle*, Ed. Complexe, 1981, t. 2, p. 677.

suas próprias forças, eles teriam sido vencidos."[2] Defendendo a igualdade de oportunidades, única compatível com uma seleção social equitativa, Jean Rostand também escreveria: "Seria necessário dizer que a igualdade intelectual nativa dos humanos não corresponde à desigualdade de suas aparências, e ainda menos à hierarquia social? Numa sociedade como a nossa, em que reina uma tão flagrante disparidade de meios de educação e de gêneros de vida, é impossível comparar equitativamente os indivíduos. O homem nasce diferente do homem, é verdade, mas enquanto o homem não for sempre tratado como homem, enquanto a concorrência dos genes não se exercer em condições relativamente leais, agiríamos mal atribuindo as diferenças manifestas a diferenças originais."[3]

Efetivamente, como mostram as citações anteriores, a genética, longe de representar um fator de conservadorismo social, representa, na realidade, um fator de progresso, exigindo que se promova a igualdade de oportunidades, visando o melhor possível. Pode-se até afirmar que há um grau de correlação positiva entre a compatibilidade de uma sociedade com a natureza humana e o grau das liberdades que ela permite em toda a extensão da escala social. Assim, o comunismo mùtila o ser humano no leito de Procusto de suas medidas arbitrárias, ao não levar em conta que — como demonstra Konrad Lorenz, prêmio Nobel de biologia — "em seu comportamento, o homem também não pode ser modificado pela aprendizagem, e existem programas inatos que representam talvez direitos do homem."

Mesmo recusando certos excessos de um darwinismo

---

2 Charles Richet, *La sélection humaine*, Libraire Félix Alcan, 1919, p. 21.

3 Jean Rostand, *L'homme*, Gallimard, coll. "Idées", 1970, p. 80.

social mal compreendido, principalmente aqueles ligados à asserção arbitrária de que a riqueza deve ser distribuída por heranças imerecidas até a incapazes, ou à afirmação não menos gratuita de que à oligarquia do dinheiro e do poder do Leste, do Oeste, do Norte e do Sul representaria uma verdadeira elite social, devemos evitar jogar fora a criança, isto é, o inato genético, junto com a água do seu banho; respeitando a diferença natural que separa a sociedade humana das sociedades de outros seres vivos — estas invariáveis, programadas hereditariamente de maneira unívoca — devemos contribuir para a evolução social em direção a mais liberdade com eficiência.

Já constatamos que "as hierarquias artificais da 'nobreza' foram substituídas por aquelas, ainda mais arbitrárias, do 'proletariado', de um lado da cortina de ferro, enquanto que, do outro, desenvolvia-se o culto ao bezerro de ouro, gerado por uma plutocracia freqüentemente sem escrúpulos. Essas mudanças não constituíram, de modo algum, um progresso seletivo".[4] As sociedades do Leste comunista, mas também, em menor grau, é verdade, as sociedades ocidentais, que não correspondem, de modo algum, ou não inteiramente, à natureza humana, têm necessidade, para manter-se, das muletas dos serviços especiais, da polícia, ou do exército, que situam, freqüentemente, sua repressão mais ou menos cega fora de toda lei natural ou jurídica.

Podemos esperar, ao menos no mundo ocidental, que, caminhando progressivamente em direção à igualdade de oportunidades e ultrapassando as hierarquias artificiais enferrujadas do passado e do presente, chegaremos — certamente após um longo percurso — a uma verdadeira legitimidade criadora da hierarquia social, que permita a

---

4 Denis Buican, *Sur-Être? Hérédité et avenir de l'homme,* Editions Serge Fleury — L'Harmattan, 1983, p. 115.

cada ser humano o livre desenvolvimento de suas potencialidades genéticas?

2. Eugenia e eugenismo. A eugenia é uma teoria cujo fundador é Francis Galton (1822-1911), primo de Darwin; ela se refere ao melhoramento da espécie humana, a partir de bases biológicas, como acontece na seleção artificial das plantas cultivadas e dos animais domésticos. Quanto ao eugenismo, é ele considerado, antes, como a parte filosófica e política, elaborada a partir da eugenia. O eugenismo, e através dele a eugenia, foi desconsiderado após a Segunda Guerra Mundial, por causa das aplicações criminosas e abusivas que dele fez o nazismo, doutrina que militava a favor de uma mitologia do "ariano", desprovida de base científica. Reatualizada em nossos dias pelas manipulações genéticas, deve-se tentar apresentar a eugenia através de uma análise crítica, não escondendo suas sombras nem obscurecendo suas eventuais luzes.

Adotando a teoria da seleção de Darwin, Galton a aplica à espécie humana; consagrou ele um livro à hereditariedade do gênio, que seu ilustre primo, Charles Darwin, considerou muito atraente e original. Galton, cientista reputado, sobretudo no campo da estatística conseguiu, principalmente na primeira década de nosso século, divulgar suas idéias entre um público bastante amplo, graças, primeiramente, à revista *Biometrika*, fundada em 1901, e depois de 1909, à *Eugenics Review;* esta última era o órgão de uma Sociedade de Educação Eugênica, que Galton fundou em 1908, em colaboração com Leonard Darwin, filho mais velho de seu primo Charles. Muitas das idéias eugênicas de Galton oscilam entre o melhor e o pior; o historiador das ciências deverá, com prudência, pôr em evidência as suas escórias.

Do ponto de vista prático, a eugenia, tomando como ponto de partida a seleção artificial, adota os dois métodos preconizados por esta: a eugenia negativa, que afasta da reprodução os possuidores de genes desfavoráveis e a eugenia positiva, que favorece a reprodução dos indivíduos, cujo patrimônio genético é portador de genes vantajosos. Uma eugenia negativa tende a praticar-se em muitos países, entre os quais a França, onde, por exemplo, o aborto por razões médicas é legítimo, no caso de mongolismo (trissomia 21) e outras doenças encontradas no feto humano.[5] Quanto à eugenia positiva, o exemplo mais notável é o banco de esperma dos prêmios Nobel, aberto nos Estados Unidos às mulheres desejosas de ter para seus filhos esses pais, graças à inseminação artificial. Tal banco não é de modo algum um exemplo repreensível, mas deve-se mencionar que é possível encontrar taras — eventualmente recessivas — até entre aqueles que foram distinguidos pelo júri de Estocolmo (deveríamos lembrar aqui uma expressão irônica de Jean Rostand sobre as crianças grandes que ainda acreditam no Papai Nobel?). Mas, talvez, é preciso dizer que esses banqueiros de esperma limitam-se a seguir os conselhos do prêmio Nobel americano Muller, que pôs em evidência a mutagênese artificial em 1927, e para quem uma inseminação voluntária de mulheres com os espermatozóides dos grandes homens poderia resultar, com certeza, dentro de um século, num excepcional florilégio de gênios.

Por sua vez, a eugenia negativa, voluntariamente aplicada, poderia evitar sofrimentos suplementares aos homens; assim, por exemplo, quando certas árvores genealógicas detêm doenças hereditárias graves, como a catarata congênita, talvez os pais, adequadamente informados, pudessem abster-se de procriar descendentes cegos ou sujeitos a outras enfermidades. Mas é preciso usar

---

5 Odile Robert, Le diagnostic prénatal, *La Recherche,* n.º 166, maio, 1985.

de prudência, para impedir eventuais abusos familiares ou políticos... Lembremos apenas que se o pai, alcoólatra notório, do genial compositor Beethoven, tivesse sido esterilizado, seu filho Ludwig, surdo, teria sido perdido pelo mundo da música e pela humanidade! A eugenia pode adquirir uma força excepcional no século do gênio e da manipulação genética. Para evitar eventuais abusos, cabe às leis do futuro canalizar a revolução biológica e genética,[6] utilizando-a, se possível, para os interesses mais elevados do homem, da humanidade e da nossa biosfera.

3. **Sociobiologia e darwinismo.** A sociobiologia representa uma teoria de síntese que, partindo do darwinismo e do neodarwinismo, leva em conta os conhecimentos da etologia e da genética atual. O nascimento dessa disciplina data de 1975, quando Edward O. Wilson, professor em Harvard, publicou um livro, muito controvertido, consagrado a essa teoria biológica.[7] Numerosas críticas e até exacerbadas foram dirigidas, com ou sem razão, à sociobiologia, acusada principalmente, desde a esquerda marxista até a direita clerical, de um imperialismo biológico e de um reducionismo dos fenômenos da inteligência, da consciência e das sociedades humanas às suas raízes genéticas. Asserções como estas, feitas pelo próprio Edward Wilson, prestaram-se a algumas dessas críticas: "Quando os seres humanos consideram o seu próprio sistema nervoso central, parece, à primeira vista, que eles estão na mesma situação que a abelha. Ainda que o comportamento humano seja incomparavelmente mais complexo e variável que o dos insetos, teoricamente pode-se defini-lo.

---

6 Jacques Robert, La révolution biologique et génétique face aux exigences du droit, *Revue de Droit public*, 5, 1984, p. 1255.

7 Edward O. Wilson, *Sociobiology: The new synthesis*, Harvard University Press, 1975.

Os limites genéticos e o número restrito dos meios nos quais podem viver os seres humanos restringem consideravelmente o leque de suas condutas."[8] Lançando assim uma séria dúvida sobre o "livre arbítrio" humano, caro aos teólogos e aos filósofos, e afirmando que pareceria "que nossa liberdade fosse apenas uma ilusão", Edward Wilson arriscava-se a fazer muitos adversários.

De qualquer modo, é preciso considerar a sociobiologia como qualquer outra teoria, com todo o rigor dos critérios científicos, mas somente em função desses critérios, sem introduzir de modo algum uma inquisição na ciência, que lembraria a Idade Média, ou, pior ainda, o caso Lyssenko, cujos efeitos nefastos já vimos; evidentemente, essa teoria não deve se tornar um dogma absoluto, mas deve ser considerada relativa e refutável — como qualquer outra concepção científica — enquanto se espera que uma análise crítica imparcial seja feita pela prova de fogo dos fatos concretos.

A etologia, a ciência do comportamento, reúne uma série de fatos que parecem confirmar a sociobiologia; assim, a evolução dos comportamentos no seio das relações intra e inter-específicas poderia explicar a vantagem seletiva de que gozam certas categorias que se encontram na ética humana, como, por exemplo, o egoísmo, a agressividade e o altruísmo. Se se considera não apenas a possibilidade de sobrevivência de um indivíduo dado, mas, principalmente, a possibilidade de sobrevivência de seu estoque de genes, e se, como no neodarwinismo, os fenotipos individuais passageiros são vistos como suportes para os seus genotipos duradouros, então pode-se explicar os comportamentos citados, observando-se sua ressonância na conservação do grupo genético. Assim, o egoísmo

8 Edward O. Wilson, *L'humaine nature. Essai de sociobiologie*. Ed. Stock, 1979, p. 121.

parece bem explicado à luz do darwinismo clássico: se os indivíduos egoístas reduzem a capacidade de sobrevivência de seus vizinhos — que portam genes aparentados — em contrapartida, para suprir essa perda de estoque genético, aumentam sua própria capacidade de ter uma numerosa descendência. A sociobiologia não parece interpretar tão bem a agressividade, comportamento que reduz as próprias possibilidades de sobrevivência, ao mesmo tempo que as de um concorrente. A agressividade, apesar dessa dificuldade inicial, pode ser interpretada como sendo favorável, se não para o próprio indivíduo agressivo, para os seus parentes próximos, pela destruição dos eventuais inimigos do grupo genético. Enfim, o altruísmo, comportamento que pode ser suicida para o indivíduo, é muito útil para a defesa do grupo genético e pode aumentar o valor seletivo de uma constelação genética, principalmente se se trata de um comportamento muito comum em todo o mundo animal, o sacrifício dos pais pelos filhos.

Se, em certos casos, as hipóteses da sociobiologia parecem plausíveis, em outros, parecem demasiadamente arraigadas num reducionismo biológico cientista. Assim, por exemplo, a teoria sociobiológica relativa à homossexualidade não dispõe de bases biológicas sólidas, quando Wilson afirma que há "genes homossexuais que se transmitem por via colateral, ainda que os próprios homossexuais não tenham filhos". Segundo essa teoria, o eventual altruísmo aumentado e a disponibilidade maior dos homossexuais poderiam favorecer a sobrevivência do grupo genético de seus pais; em contrapartida, é infundado falar, como Wilson, da existência de "genes homossexuais". Igualmente discutível parece, por exemplo, a "sociobiologia da relação", formulada pelo cientista americano; a asserção de Wilson, segundo a qual "as imposições genéticas programadas, agindo sobre a apredizagem e reveladas pela psicologia do desenvolvimento, devem estar de acordo com as principais tendências das práticas religiosas", não parece ter fundamento científico.

Em conclusão, se devemos evitar lançar *a priori* a sociobiologia às trevas exteriores à ciência, devemos também nos abster de fazer dela uma panacéia universal; apenas uma análise seletiva e imparcial pode, indubitavelmente, desvelar os aspectos positivos e negativos dessa teoria, que só os critérios científicos podem confirmar ou refutar.

capítulo VII

A ATUALIDADE DO DARWINISMO

O darwinismo, através do neodarwinismo, resultaria, nos anos trinta e quarenta de nosso século, numa teoria sintética da evolução. Entre os fundadores principais desse darwinismo renovado, devemos contar certos geneticistas do grupo de Thomas Hunt Morgan — principalmente Theodosius Dobzhanski, o sistemático e bio-geógrafo Ernst Mayr, o paleontólogo George Gaylord Simpson e o biólogo inglês Julian Huxley, neto de Thomas, o amigo de Darwin, que, através de um de seus livros, sugeriu o nome dessa teoria científica.

1. Sobre a teoria sintética da evolução. Síntese dos dados de várias disciplinas científicas — como a genética cromossômica e a genética das populações, a sistemática, a paleontologia, a ecologia, a etologia — consideradas à luz da biologia geral, essa teoria, enriquecida ainda em nossos dias e modificada em alguns pontos, permanece na base do mecanismo explicativo da evolução. Segundo essa síntese multidisciplinar que conserva o núcleo do darwinismo, a seleção natural, a evolução parte de uma base genética, as mutações aleatórias, passadas pelo crivo da seleção, que assegura assim a adaptação e a dinâmica progressiva das espécies. A genética das populações mostrara o papel essencial da estrutura e da repartição das populações na formação das novas espécies biológicas.

A teoria sintética da evolução postula as micromutações, isto é, as mutações no nível do gene, como material de base para a seleção natural; dispondo de um enorme fator tempo, pode-se passar das mutações gênicas a mudanças cromossômicas. Aliás, simples mutações gênicas, micromutações, resultaram, por exemplo, em novas espécies de drosófilas. Uma retaguarda fixista, neolamarckistas hiper-tardios e até alguns cientistas, insatisfeitos com essas explicações do mecanismo da evolução, consideram que a teoria sintética da evolução só pode explicar a microevolução (aparecimento de novas variedades e de espécies vizinhas), mas não a macroevolução (aparecimento de espécies, gêneros e até classes diferentes).

Certos pesquisadores atuais afirmam que a macroevolução se funda em macromutações, isto é, em mudanças e remanejamentos cromossômicos importantes. O próprio Darwin conheceu grandes transformações bruscas, como por exemplo o aparecimento de uma raça de carneiros de patas muito curtas, mas ele chamava essas transformações de *"sports"*, pois estas lhe pareciam acidentes excepcionais ou monstruosidades, e não o material inicial da evolução. Thomas Huxley, o discípulo de Darwin, lamentava que este não tivesse levado em conta as grandes variações hereditárias bruscas que, melhor ainda que as variações graduais, porque mais significantes, teriam podido fornecer a base inicial para a ação da seleção natural. Na aurora do nosso século, Hugo de Vries, apresentando sua teoria da mutagênese, aceitava a realidade das macromutações.

Os geneticistas Jérôme Lejeune e Jean de Grouchy propuseram, como mecanismo fundamental do aparecimento da espécie humana, um grande remanejamento cromossômico entre um casal de gêmeos que produziu seu isolamento reprodutor em relação ao seu grupo de origem. Evidentemente, supor tais macromutações na origem de espécies diferentes não exclui — muito pelo contrário — mudanças sutis mas profundas, efetuadas graças às micromutações gênicas, no nível molecular. É provável que as macromutações, consideradas como fenômenos aleatórios, exatamente como as micromutações, podem, imbricadas com estas últimas, explicar melhor o processo evolutivo.[1]

A teoria sintética da evolução pode integrar novos conceitos, como, por exemplo, a evolução em mosaico, ilustrada pelo *archaeopteryx* esse animal de transição entre os dinossauros e os pássaros. Apesar da posição intermediária dessa espécie, todos os seus caracteres estão longe de ser intermediários; efetivamente, o *archaeopteryx* tinha penas bastante semelhantes às dos pássaros atuais, enquanto seu esqueleto era próximo do dos dinossauros. Trata-se pois de uma evolução em mosaico, quando as diferentes particularidades de uma espécie evoluem em ritmos diferentes, como resultado de imposições seletivas que lhes são próprias.

Certas hipóteses científicas parecem contrárias à versão atual do darwinismo, representada pela teoria sintética da evolução. Assim, postula-se, no nível molecular, a possibilidade de um eventual determinismo das variações hereditárias, que iria contrariar a teoria clássica referente à mutagênese fortuita. Opondo-se a essa tese determinista, a tese neutralista do japonês Kimura afirma que o acaso não está apenas na origem das mutações, como diz a genética clássica, mas também que ele pode explicar o

1 Para mais detalhes, consultar: Denis Buican, *La génétique et l'évolution*, PUF, "Que sais-je?", 1986.

seu desenvolvimento evolutivo posterior. Com efeito, o neutralismo de Kimura, considerado por seus discípulos como uma teoria não-darwinista da evolução, concede um papel menor à seleção natural, consistindo apenas na eliminação de certos acidentes hereditários excessivamente desfavoráveis e considera que a grande maioria das mutações não tem nenhum valor seletivo, mas que essas mutações são conservadas ou não nas gerações sucessivas, graças ao acaso das combinações estipuladas pelas leis de Mendel. Pode-se observar que as teorias seletivista e neutralista não são inteiramente incompatíveis: se certos mutantes podem se revelar neutros do ponto de vista seletivo, e, conseqüentemente distribuir-se pelas gerações sucessivas segundo as leis da probabilidade, a maioria deles, principalmente os mais significativos, serão passados pelo crivo da seleção natural.

2. Darwinismo e "ciência criacionista". Se o darwinismo atual, representado pela teoria sintética, é alvejado — o que é habitual no desenvolvimento das idéias científicas — por várias outras teorias e hipóteses de natureza científica, que aliás não conseguiram abalar seus fundamentos, ele é, às vezes atacado com rara violência, simultaneamente mas por razões ou desrazões diferentes, por uma nebulosa marxista-leninista (situada na continuidade da falsa ciência de Lyssenko) e por uma nebulosa religiosa (na linhagem direta da dogmática bíblica medieval), que proclama uma suposta "ciência criacionista".

Se o caso Lyssenko está ligado ao dogmatismo ideológico soviético, que repercutiu no comunismo internacional, a pseudo-ciência criacionista evoluiu — com perdão da palavra — do dogmatismo bíblico reinante em certos *lobbies* dos Estados Unidos da América. Em 1925, ocorreu nos Estados Unidos, no Tennessee, um processo famoso contra um jovem professor, John Thomas Scopes, que se tornou culpado do delito de ensinar o darwinismo. Após a Primeira Guerra Mundial, vários Estados, principalmente do Sul dos Estados Unidos, decidiram, sob a pressão dos "fundamentalistas", que defendiam a veracidade literal dos textos bíblicos, proibir o darwinismo no ensino público. Assim, era ilegal, para um professor de uma escola pública ou de uma Universidade, ensinar uma teoria que contradizia a criação do homem apresentada na Bíblia... Essa "guerra do macaco" teria altos e baixos, e suas seqüelas persistem até hoje em certos clãs dogmáticos da América, que exigem, às vezes na justiça, o ensino da "ciência criacionista" paralelamente ao evolucionismo de Darwin. Curiosamente, como Stalin, cabeça da hierarquia política da URSS que se intrometeu no caso Lyssenko, nos Estados Unidos o presidente Reagan, durante sua campanha eleitoral, acreditou-se obrigado a responder aos partidários da "ciência criacionista": "O evolucionismo é apenas uma teoria científica, uma teoria que a comunidade científica não considera mais tão infalível quanto outrora. De qualquer modo, se decidirmos ensiná-lo nas escolas, penso que deveríamos também ensinar a narração bíblica da Criação." Mesmo descontando a demagogia eleitoral que inspirou essa asserção ao candidato Reagan, essa confusão de áreas pode ser inquietante.

Se nos Estados Unidos a "ciência criacionista" ou na França o neolamarckismo e lyssenkismo não conseguiram impor suas pseudo-verdades à totalidade da biologia ou do ensino e da pesquisa nesses países, como aconteceu com a "biologia proletária" de Lyssenko na URSS, essa diferença se deve, primeiramente, aos sistemas políticos, que não são da mesma natureza. A ditadura piramidal totalitária do Partido-Estado que grassa na URSS de impor oficialmente qualquer "verdade", a qualquer preço em vidas humanas ou em prejuízos materiais, científicos e culturais. Nos Estados Unidos ou na França, tal ditadura piramidal não existe, e, mesmo que o executivo seja demasiadamente forte, pode-se (ainda?) encontrar contrapoderes, que tendem a impedir o estabelecimento de um poder absoluto, que corrompe absolutamente tudo aquilo que toca. Em compensação, nesses países, encontram-se ditaduras setoriais — clãs, *lobbies*, feudos — entre os quais, por exemplo, os partidos comunistas, mas também sindicatos, partidos de direita, organizações militares, serviços especiais e polícias, freqüentemente abusivos, que ameaçam estender seus tentáculos a toda a sociedade civil. No caso Lyssenko, o Partido Comunista se comporta, em Paris, como uma ditadura setorial, ligada, sem restrição alguma, à ditadura piramidal soviética. Nos Estados Unidos, o *lobby* que tenta, talvez em vão, impor a "ciência criacionista" representa uma outra ditadura setorial dogmática, que esquece voluntariamente a especificidade do conhecimento científico.

Toda teoria científica, inclusive, é claro, a teoria da evolução proveniente do darwinismo, é sempre relativa, perfectível e até refutável. Mas só os dados científicos, controláveis do ponto de vista experimental, podem permitir a novas hipóteses e teorias científicas substituírem as antigas. Perturbar essa ordem aceita e aceitável, referente ao desenvolvimento da ciência, é recair no obscurantismo pré-científico: o criacionismo representa um dogma bíblico e não uma ciência... E uma confusão de gêneros, entre a ciência e a religião, só pode fazer-se em prejuízo dessas duas áreas diferentes do pensamento humano.

3. **Em direção a uma teoria sinérgica da evolução.** Para suprir certas lacunas do darwinismo integrado na teoria sintética da evolução, postulamos uma extensão da seleção a vários níveis dos sistemas vivos; assim, partindo dos diversos níveis de integração, pode-se considerar um

modelo se seleção mais amplo e mais flexível do que se compreende habitualmente: a seleção multipolar.

A teoria da seleção multipolar supõe um fenômeno complexo de seleção, que pode ser encontrado em cada nível de integração dos sistemas vivos; ela se exerceria de uma maneira diferente, própria a cada sistema. Compreendida num sentido muito mais amplo que o da seleção natural do darwinismo clássico, a seleção multipolar pode ser definida como uma triagem probabilista, efetuada em cada nível, canalizada pelas estruturas específicas de cada patamar de integração. Assim, considerando o nível genotípico, formulamos a noção de pré-seleção genotípica em suas relações com o modelo evolutivo.[2] A seleção natural clássica de Darwin vê os fenotipos, isto é, seres vivos materializados, em função do meio, a partir das potencialidades contidas no genotipo que representa o patrimônio genético inicial. Uma série de fatos observados pela genética poderia permitir a introdução de uma noção nova no processo hereditário e evolutivo: a pré-seleção genotípica. Esta pode ser caracterizada como uma operação natural que elimina *a priori,* no nível do genotipo, qualquer combinação genética ou qualquer mutação imprópria à sua sobrevivência.

A seleção genotípica é demonstrada pela existência dos fatores letais, mortais, representados por genes que, em estado puro, homozigótico, matam o ovo fecundado que os encerra, enquanto que, no estado heterozigótico, sua ação nociva pode ser corrigida pela presença de seu alelo normal. A partir das observações de Cuénot, que descobriu, por volta de 1905, a letalidade genética embrionária, numerosos pesquisadores encontraram fatores letais que destróem os seres vivos no período embrionário

---

2 Denis Buican, La présélection génotypique et le modèle évolutif, *La Pensée et les Hommes*, Bruxelas, janeiro de 1980.

ou pós-embrionário, pois o genotipo no qual eles se encontram se torna incompatível com a vida. Os fatores letais, assim como as mutações letais, operam uma seleção prévia no nível do genotipo, que poderia, talvez, explicar melhor uma certa canalização inicial do movimento probabilista da evolução.

Uma pré-seleção genotípica pode limitar o fenômeno da poliploidia, que consiste numa multiplicação do conjunto cromossômico (3n, 4n, 5n, 6n, etc.). A poliploidia — que pode aparecer por causa dos cruzamentos das variedades e das espécies ou como conseqüência de modificações surgidas no processo de divisão celular — não pode aumentar indefinidamente o número dos cromossomos em um núcleo celular, operando assim uma pré-seleção genotípica. Pode-se considerar que a pré-seleção genotípica é uma teoria fundamentada em fatos indubitáveis, como os fatores letais na hibridação e as mutações letais. Esse tipo de seleção pode explicar, também, os limites naturais que existem nas hibridações inter-específicas incompatíveis com a vida, como nos fenômenos de poliploidia e mutagênese. A pré-seleção genotípica deve ocorrer no nível molecular e celular, pois a seleção dos indivíduos pertencentes a uma população da espécie biológica continua sendo o apanágio do processo clássico apresentado pelo darwinismo e pela teoria sintética da evolução. É muito provável que outros tipos de seleção possam ser postos em evidência, em outros patamares de micro e macrofenômenos biológicos, e que outras descobertas — especialmente ligadas ao gênio genético — permitam desde já a constituição do que chamamos uma teoria sinérgica da evolução

BIBLIOGRAFIA

BUICAN, Denis

1978 *L'éternel retour de Lyssenko,* Ed. Copernic.

1983 *Sur-Être? Hérédité et avenir de l'homme.* Ed. Serge Fleury-L'Harmattan.

1984 *Histoire de la génétique et de l'evolutionnisme en France,* PUF.

1986 *La génétique et l'évolution.* "Que sais-je?", PUF.

1987 *Génétique et pensée évolutionniste,* Ed. SEDES.

CHANGEUX, Jean-Pierre

1983 *L'homme neuronal,* Fayard.

CHAUVIN, Remy

1982 *Les sociétés animales,* PUF.

CHRISTEN, Yves

1981 *Marx et Darwin,* Ed. Albin Michel.

1986 *L'homme bioculturel,* Ed. du Rocher.

CONRY, Yvette

1974 *L'introduction du darwinisme en France au XIXe siècle,* Ed. Vrin.

DARWIN, Charles

1969 *Théorie de l'évolution. Textes choisis,* PUF.

1973 *L'origine des espèces,* Marabout Université. (Ed. bras.: *A origem das espécies.* Brasília, UnB/Melhoramentos.)

1981 *La descendance de l'homme et la sélection sexuelle,* Ed. Complexe, t. I e II.

1981 *L'expression des émotions chez l'homme et les animaux,* Ed. Complexe.

1984 *Autobiographie.* Col. "Un savant, une époque", Ed. Belin.

DOBZHANSKI, Theodosius

1966 *L'homme en évolution,* Flammarion

1977 *Génétique du processus évolutif,* Flammarion

GOULD, Jay Stephen
1984 *Darwin et les grandes énigmes de la vie.* Col. "Points-Sciences", Seuil.

GRASSÉ, Pierre-P.
1973 *L'évolution du vivant,* Ed. Albin Michel.

HUXLEY, Julian
1971 *Le comportement rituel chez l'homme et l'animal,* Gallimard.

KOTEK, Joel e Dan
1986 *L'affaire Lyssenko,* Ed. Complexe.

LORENZ, Konrad
1979 *Evolution et modification du comportement,* Petite Bibliothèque Payot.

LUMSDEN, Charles e WILSON, Edward
1984 *Le feu de Prométhée,* Ed. Mazarine.

MAYR, Ernst
1974 *Populations, espèces et évolution,* Hermann.

MEDVEDEV, Jaurès
1971 *Grandeur et chute de Lyssenko,* Gallimard.

MONOD, Jacques
1970 *Le hasard et la nécessité,* Seuil.

ROSTAND, Jean
1958 *Science fausse et fausses sciences,* Gallimard.
1968 *Esquisse d'une histoire de la biologie.* "Idées", Gallimard.
1982 *Charles Darwin,* Gallimard.

RUFFIÉ, Jacques
1976 *De la biologie à la culture,* Flammarion.
1986 *Traité du vivant,* Fayard. Reeditado na coleção "Champs-Flammarion".

THUILLIER, Pierre
1981 *Darwin et Cie.,* Ed. Complexe.

WILSON, Edward O.
1979 *L'humaine nature, Essai de sociobiologie,* Stock.
1987 *La sociobiologie,* Editions du Rocher.